NATURNAH BAUEN UND GESUND WOHNEN

Peter Brauchl / Heinz F. Honies

NATURNAH BAUEN UND GESUND WOHNEN

Orac
WIEN • MÜNCHEN • ZÜRICH

Ein Verlag der Donauland-Gruppe im Hause Bertelsmann

ISBN 3-7015-0408-3

Einbandgestaltung: Zembsch' Werkstatt, München
unter Verwendung eines Fotos der Image Bank (Foto: Benn Mitchell)
Satz: Zehetner GesmbH, A-2105 Oberrohrbach
Druck und Bindung: Wiener Verlag, Himberg bei Wien

Gesetzt nach der neuen deutschen Rechtschreibung

INHALTSVERZEICHNIS

2. TEIL: MENSCH, MATERIAL UND UMWELT

EINLEITUNG

Ökologisch – biologisch – naturnah. Drei Begriffe, mit denen modernes Bauen heute eng verbunden ist, die dem Konsumenten in Gesprächen, Werbebroschüren, Magazinen und Fachzeitschriften täglich begegnen und mit denen – offen gesagt – nicht selten Missbrauch getrieben wird. Wenn man manchen Aussagen Glauben schenkt, so sind schon alle Häuser ökologisch, auch dann, wenn zum Beispiel bei der Herstellung der Baustoffe jede Menge Schadstoffe in die Atmosphäre gelangen.
Erfahrungen zeigen, daß ein ökologisches Haus vom Konsumenten heute nicht entscheidend gewürdigt wird. Die Ökologie liegt hier vielmehr in der Argumentation der Hersteller, wobei es überhaupt keine Frage ist, dass die natürlichsten Baustoffe ökologisches Bauen am besten gewährleisten. Und in der Praxis bestimmt eher der Betrieb und die Instandhaltung eines Bauwerkes als der Primärenergieaufwand bei der Herstellung die ökologische Qualität. Dementsprechend sind Ökohäuser fast immer Energiesparhäuser.
Biologisch bauen wiederum steht mehrheitlich unter dem Zeichen der Verwendung natürlicher Materialien und Baustoffe. Dementsprechend häufig finden sich heute baubiologische Experten, die auf den Einsatz von Lehm, Pflanzenfarben und Bienenwachs schwören. Ob diese Materialien – wahllos eingesetzt – tatsächlich für ein angenehmes Raumklima sorgen, steht auf einem anderen Blatt.
Naturintegriertes Bauen heißt hingegen, das Bauen ganzheitlich zu sehen und auch anzugehen; von den Gegebenheiten des Grundstückes, von den Bedürfnissen der Bewohner bis hin zu den wirtschaftlichen Voraussetzungen umfassend dafür zu sorgen, dass sie naturnah wohnen können.
Denn das große Problem der Planung und des Bauens ist heute, dass immer nur einzelne Aspekte behandelt werden, Experten setzen sich jeweils isoliert mit Baustoffen und Bausystemen auseinander. Das ganzheitliche Denken in Hinblick auf ein naturnahes Raumklima jedoch fehlt. In unserer industrialisierten Welt ist es einfach so, dass es Verschiebungen durch die wirtschaftlichen Strukturen gibt und sich der Konsument nicht blind darauf verlassen kann, was ihm die Werbung verspricht. So ist beispielsweise Ziegel ein herrlicher Baustoff, aber er wird erst wirklich

gut, wenn er in Ergänzung zu den vielen anderen Systemen – Oberflächenbehandlung, Verkleidung, Heizung usw. zu einer hohen Behaglichkeit führt.
Die Industrie bietet heute zahlreiche Systeme an, die jedes für sich gut funktionieren. Aus diesen fertigen Systemen können hervorragend Gebäudeteile hergestellt werden – was im Allgemeinen recht gut gemacht wird. Auch der Installateur bzw. Klempner, der die Heizung einbaut, verfügt über fertige Systeme für eine ordentliche Heizungsanlage. Dann kommt der Maler, der auf eine offenporige Wand einen optisch einwandfreien, dafür luftdichten Anstrich aufbringt. Gleichfalls ein perfektes Produkt der Industrie.
Resultat dieser hochprofessionellen Tätigkeiten mittels vorzüglicher Materialien: ein Zufallsprodukt. Ob das Raumklima dann die gewünschte Behaglichkeit hat, ob die Raumluft frei von Schadstoffen ist – ist eine andere Frage.
Was die Vertreter des naturintegrierten Bauens heute an der Industrie kritisieren ist, dass sie Systeme entwickelt, die sich erheblich von unserer eigenen Wohn- und Baukultur unterscheiden. Sie sind im Allgemeinen auf wirtschaftliche Anforderungen ausgerichtet. Und wirtschaftlich für die Industrie ist es, wenn die Professionisten zufrieden sind. Denn mit dem Angebot z. B. von fertigen Bausteinen, fertigen Überlagern, fertigen Decken usw. denkt die Industrie logischerweise zuerst an den Bauausführenden – nämlich den Baumeister – und erst in weiterer Folge an jenen, der das Haus bewohnt.
So wird auch die immer aktuelle Frage verständlich: Ziegel oder Holz? Diese Frage entstand aus dem Konkurrenzdenken zwischen Baumeistern und Fertighausbauern. Letztlich muss aber für den Konsumenten entscheidend sein, wo er welchen Baustoff warum einsetzt und welchen Nutzen er davon hat.
Tatsächlich ist es so, dass sorgfältig und ganzheitlich abzustimmen ist, was dazu beiträgt, ein angenehmes Raumklima und eine hohe Behaglichkeit sicherzustellen. Das wird nie mit dem Einsatz eines einzigen Baustoffes möglich sein.
Daneben ist naturnahes Bauen ohne neuzeitliche Technologie unmöglich. Das betrifft vor allem wirtschaftliches Bauen, die Installation von Heizsystemen und viele andere Ausstattungs- und Einrichtungsbereiche. Es ist heute ganz einfach notwendig daran zu denken, dass bei der Errichtung eines gesunden Hauses – und da gibt es keinen Unterschied zum konventionellen Bau – die Kosten so niedrig wie möglich gehalten

werden. Und das kann nur dann funktionieren, wenn gute Baustoffe in möglichst hohem Grad industriell verarbeitet werden.
Behaglichkeit kann mit vielen Baustoffen, die auf einer ausgeklügelten Technologie basieren, erreicht werden. Manko dabei ist, dass bei vielen über deren Inhaltsstoffe und die Art, wie sich diese auf das Raumklima und damit den menschlichen Organismus auswirken, Unsicherheit herrscht.
Wer sorgsam mit dem Raumklima umgehen will, ist daher gut beraten althergebrachte Baustoffe zu verwenden. Wenn natürliches Holz vorhanden ist, sollten keine Spanplatten verwendet werden. Wenn konventionelle Ziegel vorhanden sind, sollten keine Experimente gemacht werden, die unter Umständen zu einem Produkt mit ganz anderen Eigenschaften führen als erwartet. Zwingender Schluss: Je mehr wir bekannte und bewährte Baustoffe verwenden, umso sicherer können wir sein keine Giftstoffe einzubauen.
Die primäre Aufgabe des naturintegrierten Bauens ist es nicht, biologische Baustoffe zu verwenden, sondern die höchste Behaglichkeit zu schaffen. Das heißt ein Haus zu bauen, das alles, was die Natur hergibt, einfängt und alles Aggressive abschirmt. Wobei hier natürliche Baustoffe eingesetzt werden sollen, vor allem dort, wo man weiß, dass diese die Raumluft nicht belasten. Es geht aber im Wesentlichen darum, Bausysteme möglichst effizient einzusetzen und möglichst effiziente Heizungssysteme zu installieren.
Beim naturintegrierten Bauen steht auch nicht der Gedanke möglichst viel Energie einzusparen im Mittelpunkt, sondern mit möglichst wenig Energie einen hohen Grad an Behaglichkeit zu erreichen. Hier soll alles, was die moderne Technik zu bieten hat, eingesetzt werden, um ein möglichst naturnahes Raumklima zu erreichen.
Die naturnahe Konstruktion eines Hauses wird beispielhaft dafür sorgen, dass eine Außenhülle hergestellt wird, die schützt und bewahrt. Sie wird auch dafür sorgen, dass alles, was an Schadstoffen in dem Haus produziert wird, nach außen abgeleitet und alles, was die Natur dem Haus an Positivem zur Verfügung stellt, aufgefangen wird.
Beide Parameter sind wichtig und setzen voraus, dass diese Hülle dann auch wirklich eine geschlossene Einheit darstellt, denn eine Unterbrechung an nur einer Stelle gefährdet schon den Gesamterfolg.
Aber auch die architektonischen Konzepte stehen beim naturintegrierten Haus im Vordergrund. Es geht dabei nämlich darum, dass nicht der Architekt sich in einem Gebäude verwirklicht, sondern der Bauherr und

künftige Bewohner. Dieser hat Anspruch darauf, dass der Lebensraum, der hier gestaltet wird, auf ihn abgestimmt ist. Und die Kunst des Architekten sollte es sein, für seinen Auftraggeber ein Refugium zu schaffen, in dem er sich entspannen und wohl fühlen kann. Ein Haus, das nur gut aussieht, ist zu wenig.

Der erste Schritt zu mehr Naturnähe sollte stets die Berücksichtigung der Art, der Form und der Lage des Grundstücks sein. Die Grundlagen der naturintegrierten Planung orientieren sich dann an zwei wesentlichen Richtlinien: am Vorbild der Natur und an den Bedürfnissen des Menschen. Menschenbezogen sind die Reviere in Haus und Garten, die persönliches Wohlbefinden ermöglichen, und naturbezogen ist die Ausrichtung der Räume nach den Himmelsrichtungen.

Um ein behagliches Milieu zu schaffen, muss auch nicht immer ein Wintergarten her. Er ist jedoch ein Baustein zur weiteren Verbesserung des Raumklimas. Wintergarten oder Frischluftbrunnen können nur ein Nachrüsten eines funktionierenden Systems sein – aber keine Anforderung.

Ist nun naturintegriertes Bauen teurer als konventionelles?

Grundsätzlich muss man, wie für jeden anderen Bau, die Gegebenheiten des Grundstückes, die persönlichen Anforderungen und die finanziellen Voraussetzungen koordinieren.

Naturintegriertes Bauen kann dadurch teurer werden, dass der informierte Bauherr versucht Dinge einzusetzen, die ihm vorher nicht bekannt waren und in der Folge für ihn wichtig wurden. Grundsätzlich war es schon immer so, dass die Ansprüche der Bauherren immer größer waren, als deren Geldbörse erlaubte.

Naturnahes Bauen schließt an naturwissenschaftliche, aber nicht an esoterische Erkenntnisse an. Das heißt, dass baubehördliche Vorschriften, Brandschutz, Schallschutz, aber auch die garantierte Lebensdauer und Wertsicherung etc. abgedeckt sind.

Der Durchbruch des naturnahen Gedankens lässt allerdings nach wie vor auf sich warten, wobei hier die Politiker gefordert sind. Heute werden lediglich sporadisch Einzelhäuser gefördert, aber im sozialen Wohnbau ist die naturintegrierte Bauweise nicht existent. Zwar macht der mehrgeschossige Holzwohnbau zaghafte Fortschritte, aber das Denken, wie man mit möglichst wenig Geld die meisten Kubikmeter Wohnraum schafft, hat immer noch Priorität. Wobei gerade hier die Erkenntnisse des naturnahen Wohnens rationell eingesetzt werden könnten.

1. TEIL

NATURNAH BAUEN UND GESUND WOHNEN

NATURNAHE RAUMKONZEPTE

Es ist der Wunschtraum vieler Menschen, ein eigenes Haus mit Garten zu besitzen. Die meisten empfinden dies immer noch als die optimale Wohnform, obwohl die Grundstückspreise in den letzten Jahren explodiert sind, die Baukosten permanent steigen und der Umgang mit Architekten, Baumeistern und Professionisten zu den letzten Abenteuern dieser Welt zählen. Von der drohenden Verschuldung für die nächsten 30 Jahre ganz zu schweigen.

Trotzdem: Die Unabhängigkeit von lästigen Vermietern und undurchsichtigen Praktiken der Genossenschaften sowie der damit verbundene Prestigegewinn veranlassen pro Jahr etwa in Österreich an die 17.000 private Bauherren diesen Traum zu verwirklichen. Nicht zuletzt, um sich nach einem harten Arbeitstag in den eigenen vier Wänden richtig entspannen und erholen zu können.

Denn – so haben die Autoren des „Kursbuches Lebensqualität" festgestellt: „Das Haus als ‚die dritte Haut' des Menschen dient als Schutz vor den Unbilden des Wetters und vor äußeren Bedrohungen. Aber die eigenen vier Wände umschließen auch die physische und seelische Regenerationszone. Je mehr Geborgenheit, Ungestörtheit, Kommunikationsmöglichkeit und Naturnähe die Behausung bietet, desto wohler fühlen sich die Menschen darin. Die Wohnwünsche der künftigen BewohnerInnen – Heimbüro und Fernsehecke, Wohnküche und Werkstatt, Ofenbank und Spielräume, Sauna und Fitnesszimmer – bestimmen zusammen mit den funktionalen Anforderungen die Bauausführung. Als Abbild der unterschiedlichen Bedürfnisse sollten Gegensätze statt Monotonie die Raumgestaltung prägen."

Auch der Konrad-Lorenz-Schüler Prof. Otto König hat in seinen Diskussionen immer angeregt, von der gleichmäßigen Gestaltung unserer Wohn- und Lebensräume abzuweichen. Statt der heute üblicherweise gleichartig gewählten Licht- und Temperaturverhältnisse im gesamten Wohnbereich verlangte er, dass darin auf unsere Bedürfnisse abgestimmte, individuelle Reviere einzurichten seien. Deutlich forderte er wieder unterschiedliche Temperaturen und Lichtverhältnisse in ein und demselben Raum, Ecken mit warmem Licht und wärmestrahlenden Wandheizflächen zur Regeneration und Entspannung nach einem anstrengenden

Arbeitstag. Im Arbeitsbereich desselben Raumes sollen aber kälteres, klares Licht und niedrigere Temperaturen herrschen, um dort bei geistiger Tätigkeit „kühlen Kopf" zu bewahren.

Das Wohnzimmer – ein Raum für alle

Das Wohnzimmer ist zentraler Mittelpunkt des Hauses, da hier die Freizeit verbracht, die Kinder betreut und die Gäste empfangen werden, zumeist findet sich hier auch der Essplatz. Eingedenk all dieser Funktionen sollte heute ein Wohnraum nicht kleiner als 30 Quadratmeter sein. Eine offene Konstruktion zum oberen Stockwerk (mit Galerie) bringt zwar mehr Freiraum, vermindert aber die nutzbare Wohnfläche und erhöht die Energiekosten.
Unterschiedliche Fußbodenniveaus können eine reizvolle architektonische Variante sein, schaffen aber auch Probleme etwa bei Kleinstkindern, im Alter oder bei Behinderung.
In der Regel ist das Wohnzimmer ein Mehrzweckraum, in dem sich alle möglichst ohne Konflikte wohl fühlen wollen, Familie, Besucher und Haustiere – von morgens bis Mitternacht, jeden Tag, im Sommer und im Winter. Soll dieser Raum den persönlichen Lebensstil erkennen lassen und ein gesundes, harmonisches Leben ermöglichen, sind viele Einflüsse zu beachten.

Ausrichtung und Funktion

Wohnräume brauchen ein Klima der Lebensfreude und Energie. Die ideale Himmelsrichtung ist daher Süden. Die Funktionsinseln für Kommunikation, Fernsehen oder Ruhe und Regeneration, die Stellflächen für Möbel und auch die „Verkehrswege" sollten exakt, auch in Abhängigkeit von der Sonneneinstrahlung, festgelegt werden, bevor mit der Ausstattung des Wohnzimmers begonnen wird.

So vermeiden Sie Luftbelastungen durch Gase

Die meisten handelsüblichen Möbelstücke oder Innenausbauten aus Spanplatten, aber auch Ausschäumungen, Holzbodenversiegelungen, Kleber, Lacke, Textilien, Tapeten und Teppiche enthalten Formaldehyd ➟ Seite 93 f., das vorwiegend in Gasform lange Zeit in die Raumluft ausströmen kann. Selbst wenn ausschließlich Spanplatten niedriger Emissionsklasse (E1) verwendet werden, kommt es in Verbindung mit Belastungen aus anderen Quellen immer wieder zu Formaldehydwerten in der Raumluft, die über den zulässigen Grenzen liegen. Formaldehyd steht im Verdacht Krebs zu erregen.

- Wenn größere Mengen an Spanplatten ➟ Seite 94 im Wohnzimmer zu verbauen sind, greifen Sie auf zement- oder magnesitgebundene Spanplatten (keine Formaldehydabgabe) zurück.
- Pflanzen ➟ Seite 19 und unbehandelte Wand- und Deckenverkleidungen aus Fichten-, Kiefern- und Tannenholz nehmen Schadstoffe aus Tabakrauch oder Spanplatten auf.
- Holzverkleidungen ➟ Seite 112 f. müssen nur im Arbeits- und Spritzwasserbereich oder vor feuchtem Mauerwerk oberflächenbehandelt werden.
- Wenn Möbelstücke und Verkleidungen stechende Gerüche abgeben, lüften Sie diese ➟ Seite 127 häufig bei offenen Schranktüren und Laden. Tauschen Sie weniger wertvolle Möbelstücke dieser Art aus.
- Die Oberflächenbehandlung von Wand und Decke ➟ Seite 103 ff. sollte mit mineralischer Silikatfarbe, Kaseinfarbe oder Naturharzdispersion, die möglichst frei von organischen Lösungsmitteln sind, ausgeführt werden.
- Wandbespannungen aus Naturstoffen sind offenporig und lösungsmittelfrei.
- Verwenden Sie vorwiegend Papiertapeten, noch besser Raufasertapeten ➟ Seite 107 f. Diese können die Luftfeuchtigkeit regulieren (wenn sie keine zusätzliche Kunststoffbeschichtung haben) und geben kaum Lösungsmittel an die Raumluft ab.
- Holzböden ➟ Seite 111 f., die mit natürlichen Oberflächenmitteln oder Lacksystemen (deren Lösungsmittel Wasser ist) behandelt werden, belasten die Raumluft weniger.
- Bei sichtbaren Holzkonstruktionen und Verkleidungen kann auf Holzschutz ➟ Seite 112 f. verzichtet werden.

So vermeiden Sie Luftbelastungen durch Mikroorganismen, Stäube und Strahlung

Mikroorganismen ➡ Seite 95 ff. (Milben, Sporen, Schimmelpilze etc.) gedeihen bei verbrauchter Feuchte und Wärme besonders gut, nasse Mauern sind der beste Nährboden für Hausschwämme, Schimmelpilze etc. Die Bauaustrocknung von Ziegelbauten dauert meistens über ein Jahr, bei massivem Beton wesentlich länger.

- Solange das Bauwerk nicht vollkommen ausgetrocknet ist ➡ Seite 145 f., sollten Sie dampfdurchlässige Anstriche verwenden (mineralische Silikatfarbe etwa behindert den natürlichen Feuchtigkeits- und Gasaustausch der Wände nicht). Pflanzenfarben ohne zusätzliche Konservierungsmittel sind nur für trockenen Untergrund geeignet.
- Unbehandelte Holzverkleidungen an Wänden beginnen nur dann nicht zu modern, wenn sie hinterlüftet sind. Die Montage solcher Holzverkleidungen erfolgt auf einer Lattung, wobei die oberen und unteren Kanten der Verkleidung ca. 3 cm breit offen bleiben, sodass Luft dahinter zirkulieren kann.
- Oberflächen von Holzfußböden ➡ Seite 111 f. sollten grundsätzlich mit Wasserlack, Schelllack oder Fußboden-Hartwachs behandelt werden, um das Einziehen von Schmutz und Keimen zu verhindern.
- Holzböden werden nur mit angefeuchteten Lappen gereinigt.
- Feinstfasern ➡ Seite 97 ff. stehen im Verdacht Krebs erregend zu sein. Wollen Sie mit derartigen Fasern im Wohnbereich nicht in Kontakt kommen, sollten Sie überprüfen, wo Fasern aus Glas- und Steinwolleisolierung oder Zellulosedämmstoff mit der Raumluft in Berührung kommen könnten (Elektroinstallationen, Heizungs- und Rohrisolierungen, Trittschallmatten unter Schiffböden etc.). Alle Öffnungen sollten vorsorglich fugendicht geschlossen werden.
- Schafwolle als Dämmstoff gibt keine faserförmigen Stäube ➡ Seite 97 ff. an die Raumluft ab.
- Um eine zusätzliche Radonbelastung ➡ Seite 100 ff. der Luft zu vermeiden, ist der Einsatz von Wand- und Deckenbeplankungen aus Naturgips zu empfehlen, der von Industriegips ist zu überlegen. Auch bei Platten aus Granit und vulkanischem Gestein muss mit radioaktiver Eigenstrahlung gerechnet werden.
- Natursteinböden wie Dolomit, Travertin oder Solnhofer Kalksteinplatten belasten die Raumluft kaum. Sie entziehen aber dem Körper rasch Wärme (fußkalt) und sollten deshalb nur in Verbindung mit einer Fußbodenheizung verwendet werden.

- Verwenden Sie „grüne Luftreiniger“, denn Grünpflanzen reinigen die Wohnraumluft. In Räumen, in denen geraucht wird, sollten Chrysanthemen, Schwertfarn und Gummibaum nicht fehlen. Diese Pflanzen bauen Formaldehyd ab.

So sorgen Sie für richtige Frischluftzufuhr

Je mehr Menschen sich im Wohnzimmer aufhalten, um so rascher wird die Raumluft verbraucht. Die menschliche Lunge wälzt pro Stunde durchschnittlich zwanzig Kubikmeter Luft um, ein regelmäßiger Luftwechsel ➟ Seite 127 ist daher nötig. Gerade das Wohnzimmer ist der Raum mit dem größten Energiebedarf und wer die Fenster dauernd einen Spaltbreit zum Lüften geöffnet hält, vergeudet kostbare Wärme.

- Besonders wichtig ist es, nach dem Hausputz und Staubsaugen zu lüften, da dann Staubteilchen in der Luft schweben. Bei der „Stoßlüftung“ werden diese durch den Luftaustausch entfernt.
- Verbindungstüren zum eventuell vorhandenen Wintergarten ➟ Seite 38 ff. sollten Sie mittags, vor allem an sonnigen Wintertagen, zur Dauerlüftung öffnen, frische, warme Luft strömt so in den Wohnbereich ein.
- Der Frischluftbrunnen – noch relativ unbekannt – ist eines der wirtschaftlichsten Lüftungssysteme bei Neubauten. Die Funktionsweise: Aus dem Garten wird Frischluft durch eine in frosttiefer Erde verlegte Rohrleitung über den Wintergarten in den Wohnbereich gesaugt. Die Luft wird im Erdbereich (ca. 8 Grad Celsius) vortemperiert, damit ist eine wesentlich höhere Luftwechselrate für den Wohnbereich an Tagen mit tiefen Außentemperaturen gegeben. Falls Sie neu bauen, sollten Sie die Frischluftbrunnen-Rohrleitung vor Hinterfüllung der Arbeitsgräben in Frosttiefe um den Keller verlegen.

So sorgen Sie für eine optimale Raumtemperatur

Kühle Umgebungsluft und strahlende Sonnenwärme, wie im Hochgebirge, ist die behaglichste Art, Wärme zu empfinden. Was für den Wohnraum bedeutet, dass strahlende Wärme besser ist als aufgeheizte Raumluft. Um ein derart natürliches Wohnraumklima zu erreichen, sind allerdings einige Maßnahmen nötig:

- Im Bereich der Sitzmöbel sollten alle Wände mit „körperneutralen“ Materialien ausgeführt oder verkleidet sein und mit Wandheizungen ➟ Seite 82 versehen werden. Körperneutrale Wandverkleidungen können z. B. Stoffbespannungen, Holzvertäfelungen, mit Luftabstand verlegte Gipskartonplatten, aber auch Bücherregale und andere Möbelstücke sein.

- Wohnräume, die mit „warmem Umschließungsflächenmaterial“ ausgekleidet sind, kommen, trotz hohen Behaglichkeitsempfindens, mit niedriger Raumlufttemperatur ➡ Seite 131 ff. und wesentlich geringerer Vorlauftemperatur bei Radiatorenheizungen aus.
- Bei Radiatorenheizungen sollten Sie statt Mengenregler Mischregler einbauen. Diese reduzieren durch Beimischen von kälterem Rücklaufwasser die Oberflächentemperatur der Radiatoren. In Verbindung mit den „warmen Umschließungsflächenverkleidungen“ entstehen so automatisch Niedertemperaturheizkörper.
- Wenn keine Strahlungsheizungen in die Wände und den Boden eingebaut werden können, sollten Sie bei Zentralheizungen immer Niedertemperaturheizkörper einbauen. Sie liefern mehr Strahlungswärme und trocknen die Luft weniger aus.
- Kachelöfen, in schwerer oder mittelschwerer Bauart ausgeführt, ermöglichen eine niedrige und damit behagliche Abstrahlungstemperatur, aber auch gemauerte Öfen geben angenehme Strahlungswärme ab und lassen sich außerdem individuell künstlerisch gestalten.
- Eiserne Einzelöfen verwandeln einen großen Teil der unangenehm hohen Strahlungs- und Konvektionswärme in niedrige Kachelofenstrahlungswärme, wenn Sie einige große Kieselsteine auf die obere Abdeckplatte legen.
- Fußbodenheizungen im Wohnzimmer sind dann notwendig, wenn fußkalte Bodenbeläge verwendet werden. Fußbodenheizungen ohne Zusatzheizungen im Wohnzimmer sind nur dann geeignet, wenn diese in der Lage sind, den Energiebedarf des Raumes mit niedriger Fußbodenoberflächentemperatur (erheblich unter unserer Körpertemperatur) abzudecken.
- Wandheizungen sind wegen ihrer flexiblen Regelbarkeit und der niedrigen Strahlungswärme eine ideale Ergänzung zum Kachelofen, zur Fußbodenheizung, aber auch zu Wintergärten und Solarhäusern. Sie sind aber nur dann als einzige Wärmequelle zu empfehlen, wenn besonders warmes Wand-, Decken- und Bodenmaterial verwendet wird (Holz, Gipskarton, Wandbespannung etc). In dieser Zusammensetzung gelingt es besonders gut, den gesamten Wohnraum mit niedrigen Raumlufttemperaturen zu betreiben und in der bequemen Wohnsitzecke intensivere Strahlungswärmezonen mit hohem Regenerationswert zu schaffen.

- Bei offenem Kamin, Kachelofen, gemauertem Ofen und eisernem Ofen sollte Sie immer dann, wenn die Luft aus dem Wohnraum zur Verbrennung verbraucht wird, auf entsprechenden Luftwechsel achten. Bei unvollkommener Verbrennung können Reizgase, ja sogar Stickgase entstehen.
- Die Wärmespeicherung ➟ Seite 139 ist weniger für die Verhältnisse im Winter als für das Raumklima im Sommer wichtig. Denn für den Schutz vor brütender Hitze im Wohnraum ist generell die Speicherfähigkeit der inneren Bauteile und nicht die der Außenwände von großer Bedeutung. Die „Masse im Zentrum“ (der schwere Kachelofen) soll bei nächtlicher Querlüftung die Kühle der Sommernacht speichern und tagsüber an die Raumluft abgeben.

So sorgen Sie für Behaglichkeit

- Ausgeglichene Luftfeuchtigkeit erreichen Sie durch offenporige Bau- und Ausstattungsstoffe. An der Oberfläche wirken diese Poren bis zu einer Tiefe von maximal 15 mm regulierend. Offenporige Wandflächen sollten Sie auch nicht mit natürlichen Oberflächenbehandlungsmitteln verschließen. Bienenwachs, auf Holz aufgetragen, kann dichter als Plastikfolie sein.
- Wenn irgendwie möglich, sollten Sie einen Wintergarten ➟ Seite 38 ff. an das Wohnzimmer anbauen. Er sorgt konstant für frische Feuchte.
- Verwenden Sie im Wohnbereich nur Kunstlicht mit natürlichem Farbspektrum als Raumbeleuchtung ➟ Seite 150 f. Ein Licht im Gelbrotbereich gestaltet am Abend eine stimmungsvolle Atmosphäre in der Wohnecke, ähnlich einem Kaminfeuer.
- Die natürliche Belichtungsfläche durch Fenster und Terrassentüren sollte großzügig dimensioniert sein (sie sollte jedenfalls mehr als 10 Prozent der Bodenfläche betragen). Die relative Glasfläche, bezogen auf die Bodenfläche des Wohnraumes, kann 20 Prozent, bei Wohnräumen mit Wintergärten bis zu 40 Prozent betragen.
- Mediziner empfehlen helle Farbtöne in Orange, Gelb, Grün und Violett zur individuellen Farbgestaltung des Wohnzimmers ➟ Seite 151 f.
- Um elektromagnetische Störfelder ➟ Seite 153 ff. zu reduzieren, soll der Farbfernseher ca. 5 m vom Sitzplatz entfernt aufgestellt sein.

Das Schlafzimmer – Quelle der Kraft

Alles, was unseren Schlaf, die Phasen der Entspannung, Regeneration und Erneuerung unseres Organismus stört, sollten wir, wenn irgendwie möglich, vermeiden. Entsprechend sorgfältig sollte deshalb die Gestaltung unseres Schlafbereiches erfolgen. Bei der Auswahl der Schlafzimmerausstattung sind klare Prioritäten angebracht: Zuerst kommt die Gesundheit, erst danach die Ästhetik. Allerdings werden diese Räumlichkeiten – nicht für alle nur mit acht Stunden Im-Bett-Liegen verbunden – auch für andere Aktivitäten genutzt: So hat in vielen Schlafzimmern das TV-Gerät schon seinen fixen Platz, Leseecke, Schreibgelegenheit und Fitnessgeräte sind ebenfalls des Öfteren zu finden. Das sind aber Einrichtungen und Tätigkeiten, die einer echten Behaglichkeit diametral entgegen laufen.

Ausrichtung und Funktion

Zur Förderung des natürlichen Aktivitätsrhythmus sollte das Schlafzimmer nach Nordost, Ost oder Südost situiert werden. Wichtiger ist es allerdings, dass der Raum möglichst wenig durch Außenlärm belastet wird. Besonders im Krankheitsfall weiß man solche Schlafzimmer zu schätzen.

Bau- und Ausstattungsmaterialien

Etwa ein Drittel unseres Lebens verbringen wir im Bett – und häufig sind Schlafzimmermöbel aus Spanplatten gefertigt, deren Bindemittel Phenolharze sind, die mitunter viele Jahre giftige Dämpfe abgeben.

Gute Luftqualität im Schlafzimmer

- Achten Sie darauf, dass Schlafzimmermöbel aus Pressspanplatten ➡ Seite 93 ff. unbedingt diffusionsdicht beschichtet sind, noch besser ist es, Naturholzmöbel ohne chemischen Holzschutz zu verwenden.
- Niedrige Betten sind modern, hohe aber gesünder, da sich die meisten Schadstoffe der Luft am Boden sammeln.
- Die überschüssige Feuchtigkeit, die vom Körper abgegeben wird, muss bei Latex- und Schaumstoffmatratzen austrocknen können. Deshalb ist eine gute Unterlüftung der Betten wichtig.

- Für das Raumklima im Schlafzimmer sind feuchtigkeitsregulierende Oberflächen besonders wichtig. Deshalb sollte die Oberflächenbehandlung von Wand und Decke ➟ Seite 103 ff. offenporig mit Kalkfarbenanstrichen oder mineralischen Silikatfarben erfolgen.
- Achten Sie darauf, dass Teppiche aus Naturfasern kein synthetisches Trägerflies bzw. keinen Schaumstoffrücken aufweisen.
- Gewachste oder wasserlöslich versiegelte Holzböden ➟ Seite 111 f. sind hygienischer als Spannteppiche.
- Frischere Feuchte als vom Luftbefeuchter erhalten Sie im Winter von zum Trocknen aufgehängten Wäschestücken.

Die richtige Temperatur fürs Schlafzimmer

- Wenn die Betten direkt an kaltes Mauerwerk angrenzen, bringen Sie Naturfaserbespannungen oder hinterlüftete, stoffbespannte Weichfaserplatten an.
- Schlafzimmer sollen kühl, aber wegen der Gefahr möglicher Muskelverspannungen nicht kalt sein. Unbedeckte Flächen, wie z. B. der Nacken, kühlen über Nacht aus. Radiatoren sind am besten mit ganz niedriger Wasservorlauftemperatur zu betreiben (Mischregler).
- Das Schlafzimmer sollte im Winter bei voll geöffneten Fenstern unmittelbar vor dem Schlafengehen kurzzeitig gelüftet werden (Stoßlüftung ➟ Seite 127). Ein über einem geheizten Radiator zur Dauerlüftung gekipptes Fenster führt zu extrem ausgetrockneter Haut am Morgen. Ideal ist eine Dauerlüftung während der Nacht nur zu einem eventuell vorhandenen Wintergarten hin.
- Kosmetika zur Hautpflege können Sie sparen, wenn das Schlafzimmer über warm ausgestattete Raumumschließungsflächen und sanfte Wärmestrahlung verfügt. Die Luft bleibt rein und trocknet nicht aus.

Wohlbefinden im Schlafzimmer

- Bei hellhörigen Wänden ist es empfehlenswert, eine zusätzliche Schallschutzbeplankung ➟ Seite 148 f. anzubringen.
- Natürliche Belichtungsflächen von 10 Prozent der Bodenfläche reichen üblicherweise aus. Dreifach verglaste Fensterscheiben schützen effektvoll vor Straßenlärm.
- Sanfte Farbtöne in Blau und Violett fördern Ruhe und Entspannung, zu empfehlen ist warmes, künstliches Licht, das blendfrei oberhalb des Betthauptes strahlt.

So vermeiden Sie elektromagnetische Störungen im Schlafzimmer

- Platzieren Sie elektrische Geräte oder Radiowecker mit Netzanschluss nicht in Kopfnähe und verwenden Sie anstelle elektrischer Heizkissen Omas gute alte Wärmeflasche.
- Das Fernsehgerät sollten Sie wegen eventueller Störung durch elektrische oder elektromagnetische Felder nicht mit Fernbedienung ausschalten, sondern den Stecker herausziehen.
- Bei Neuinstallation der Elektroleitungen ist angeraten, eine Netzfreischaltautomatik zum Abschalten der Stromleitungen im Schlafzimmer zu installieren.
- Sollten nach diesen Maßnahmen immer noch Schlafstörungen, Kopfschmerzen am Morgen oder Abgeschlagenheit auftreten, können Sie den Schlafplatz nach Störzonen aus der Erde ➞ Seite 53 ff. überprüfen lassen.

Der Raum des Kindes – entwicklungsfördernd

„Kinderzimmer werden oft nach dem Motto konzipiert: Wer klein ist, bekommt auch den kleinsten Platz." So stellen auch die Autoren des „Kursbuches Lebensqualität" fest, dass die Mindestmaße nach DIN-Norm nicht gerade üppig sind: „5,6 Quadratmeter Gesamtfläche für ein Ein-Kind-Zimmer, etwas über zwei Quadratmeter davon als freie Spielfläche. Dabei gehören Kinderzimmer zu den meistfrequentierten Plätzen im Haus, oft werden sie 20 Stunden am Tag genutzt. Wohnexperten empfehlen daher großzügigere Maße: neun bis 14 Quadratmeter für ein Einbettzimmer, zwölf bis 16 Quadratmeter für ein Zweibettzimmer.

In wenigen Jahren müssen vor allem die Kinderzimmer eine rasante Entwicklung mitmachen können: von der Krabbelstube zum Jugendzimmer; von der Elternnähe für Kleinkinder über die Ruhe für Schulkinder bis zur Ungestörtheit für Jugendliche. Das erfordert vor allem eine wandelbare Einrichtung."

Wenn heute namhafte Mediziner meinen, die drei Einflussgrößen Ernährung, Wohnung und Lebensweise müssten bei Kindern von Grund auf „renoviert" werden, so wissen sie, wovon sie reden, denn gute Entwicklungsprozesse brauchen eine gute Umgebung. Das Umfeld, in dem Kinder den größten Teil ihrer Zeit verbringen, ist das Kinderzimmer. Fast immer ist es für sie zugleich Arbeits-, Wohn- und Schlafzimmer. Nur mit entsprechender Sorgfalt gelingt es, alle Bedürfnisse des Kindes in einem Raum abzudecken.

Ausrichtung und Funktion

Kinderzimmer gehören zum Licht hin, also nach Südost, Süd oder Südwest ausgerichtet. Sie sollen keine Durchgangsräume sein und, wegen elektromagnetischer Störfelder, nur dann über oder neben Räumen mit haustechnischer Einrichtung angeordnet werden, wenn die elektrischen Leitungen abgeschirmt und die Geräte geerdet sind.

Bau- und Ausstattungsmaterialien

Bei der Auswahl der Kinderzimmereinrichtung sollten Sie weniger auf Design als vielmehr auf eventuell vorhandene Wohngifte achten. Und wer meint, bei dekorreichen Spanplattenmöbeln nichts zu riechen, mit einer Einrichtung aus Naturholz sind Sie sicherer bedient.
Bei Raumluftbelastung mit Formaldehyd ➡ Seite 93 ff. werden als hauptsächliche mögliche Folgeerscheinungen Schlaflosigkeit, Gedächtnisschwund, Nervosität und Depression genannt.

Die richtigen Materialien für Wände und Böden im Kinderzimmer

- Besonders kleine Kinder verbringen einen großen Teil ihrer Zeit am Boden. Wasserlöslich versiegelte oder pflegeleicht gewachste Holzböden ➡ Seite 111 f. sind sauber und warm. Wer unbedingt Spannteppichböden einsetzen möchte, sollte darauf achten, solche aus Baumwolle, Wolle, Ziegenhaar oder Seide zu verwenden. Aber Vorsicht: Auch Teppiche aus Naturfasern werden manchmal mit synthetischem Trägerflies und Schaumrücken ausgestattet.
- Um zu vermeiden, dass der Teppich zur Brutstätte für Bakterien wird, sollte das Kinderzimmer häufig mit einem Mikrofilterstaubsauger ➡ Seite 97 gesaugt werden.
- Kreide-, Leim- und Naturbinderfarben ➡ Seite 103 ff. im Kinderzimmer können Sie, wenn die Wände verschmiert sind, mit warmem Wasser abwaschen. Weiße Wandfarben können individuell mit Erdfarben abgetönt werden.

- Wenn Kinder zu Allergien neigen, verwenden Sie Kalkfarbenanstriche. Sie wirken desinfizierend gegen Bakterienbefall.
- Wandverkleidungen aus Holz verarbeiten Sie trocken (max. 10 Prozent Feuchte), hinterlüftet (die Montage erfolgt auf einer Lattung, wobei an den oberen und unteren Kanten der Verkleidung die Fugen ca. 3 cm breit offen bleiben), ohne Oberflächenbehandlung, aber möglichst glatt geschliffen und feinporig. Raue Oberflächen sind staubempfindlich.
- Hinterlüftete Wandbespannungen aus Leinen oder Bast, besonders beim Bett, schützen vor kaltem Mauerwerk.
- Vorsicht bei Kork ➟ Seite 124 als Wand- und Bodenbelag: Verwenden Sie Naturkork am Kinderzimmerboden nur an wenig beanspruchten Stellen – er nutzt sich leicht ab. Korkplatten, die mit Kunstharz gebunden oder mit Kunststoff beschichtet sind, können die Raumluft belasten.
- Feinstfasern ➟ Seite 97 von Trittschalldämmplatten und Wärmedämmungen aus Glas-, Steinwolle oder Zellulose können eine konstante Raumluftbelastung bedeuten. Alle Öffnungen und Schlitze zu solchen Dämmflächen sollten Sie vorsorglich dauerhaft und fugendicht verschließen (mit Silikon).
- Lüften Sie nach der Raumpflege jeweils gründlich, um den aufgewirbelten Staub zu beseitigen.

Die richtige Wärme im Kinderzimmer

- Warm ausgestattete Raumumschließungsflächen ➟ Seite 132 f. und sanfte Wärmestrahlung gestalten das Kinderzimmer behaglich. Das Austrocknen der Schleimhäute wird auf diese Weise verhindert und auch mancher Schnupfen dauert bei derartigem Klima oft nur wenige Tage.
- Rippenradiatoren sollten Sie keramisch verkleiden, darüber hinaus ist darauf zu achten, dass Radiatoren nicht von Vorhängen abgedeckt werden.
- Niedertemperatur-Wandstrahlungsheizungen sind für die Kinderzimmerbeheizung ideal.
- Wenn Luftbefeuchter unbedingt notwendig sind, benutzen Sie nur solche mit Ionisator und Zerstäuber oder Verdampfer. Regelmäßiges Reinigen ist erforderlich, denn auch in solchen Geräten sammeln sich alle möglichen Mikroorganismen ➟ Seite 95 ff..

Behaglichkeit im Kinderzimmer

- Natürliche Belichtungsflächen sollen in der Relation zur Bodenfläche nicht unter 15 Prozent betragen, der Lichteinfall auf die Arbeitsfläche soll bei Tageslicht und Kunstlicht für rechtshändige Kinder von links kommen, bei Linkshändern von rechts.
- Installieren Sie im Kinderzimmer keine blendenden Spots, sondern Kunstlicht mit warmem, natürlichem Farbspektrum.
- Bunte, grelle Farbausstattungen, wie sie in Einrichtungshäusern meist vorgeschlagen werden, passen oft nicht zu den seelischen Bedürfnissen von ohnehin oft vielfältig überforderten Kindern. Gedämpfte Farben in Blau, Orange und Gelb, möglichst aber kein Rot und Violett, werden nach umfangreichen psychologischen und physiologischen Tests empfohlen.

So vermeiden Sie negative elektromagnetische Strahlung im Kinderzimmer

- Zur Synchronisierung von Schlaf-Wach-Zyklen und der Stabilisierung der Stoffwechselprozesse soll die atmosphärische Impulsstrahlung möglichst ohne Abschirmung durch Stahlarmierungen in das Kinderzimmer eindringen können.
- Ein Netzfreischalter im Kinderzimmer schaltet, wenn keine Stromquelle in Betrieb ist, die 50-Hz-Frequenz ab, wenn nicht vorhanden, stecken Sie TV, Radio, Video und Computer vor der Nachtruhe aus.
- Bei unruhigem Schlaf, Knirschen mit den Zähnen oder auch nur wegen des besseren Gefühls empfiehlt es sich, den Schlafplatz des Kindes nach Erdstrahlen untersuchen zu lassen ➞ Seite 53 ff.

Das Esszimmer – unsere Sinne essen mit

Essen gehört so wie das Atmen und Entspannen zu den Grundfunktionen des Lebens. Das gemeinsame Frühstück, Mittag- oder Abendessen ist in unserem Lebenslauf oft die einzige verbliebene Gelegenheit, bei der sich alle Familienmitglieder treffen. Diese gemeinsame Pause sollte nicht gestört werden. Am Essen sind alle Sinne beteiligt. Aggressive Stimmen am Esstisch können ähnlich wirken wie eine versalzene Suppe. Was am Tisch steht, aber auch wie es angerichtet und wie die Umgebung be-

schaffen ist, wird ausschlaggebend dafür sein, wie uns das Essen bekommt.
Allerdings sind im sozialen Wohnbau die Möglichkeiten, sich einen Raum für diese wichtige Tätigkeit zu reservieren, eher gering, da hier der Standard seit Jahren dahin geht, einen Essplatz in Nähe der (zumeist offenen) Küche – das heißt im Wohnzimmer – anzulegen. Und auch der von den Baukosten ausgepowerte Einfamilienhausbauer denkt in den wenigsten Fällen daran, seine kostbaren Quadratmeter für die Verköstigung seiner Familie zu opfern. Hier wird dann noch eher in einen Fitnessraum investiert, wobei die Frage, was gescheiter ist – einsam im Keller zu radeln oder sich mit seiner Familie an einen Tisch zu setzen –, wohl eindeutig zu beantworten ist. Wer allerdings von der Planung – und vom Geld her – in der Lage ist sich einen solchen Raum zu leisten, sollte nicht zögern.

Ausrichtung und Funktion

Eine mehr oder weniger direkte Verbindung zur Küche, zum Wohnzimmer, zur Terrasse oder (soweit vorhanden) zum Wintergarten hat sich als praktisch erwiesen.

Bau- und Ausstattungsmaterialien

Holz im Essbereich

- Gerade im Essbereich sollten Sie bei der Auswahl von Bau- und Ausstattungsteilen, die aus Spanplatten ➟ Seite 93 ff. gefertigt sind, darauf achten, dass diese keine Formaldehyddämpfe abgeben. Der stechende Geruch ist oft noch nach Jahren spürbar und kann den Duft sorgfältig zubereiteter Speisen empfindlich stören. Daneben können auch lösungsmittelhaltige Kunstharzlacke auf Möbeloberflächen ungesunde und unangenehme Gerüche verursachen.
- Furnier- und Tischlerplatten (man erkennt sie an der hell/dunklen Schnittkante) sind eine preiswerte Alternative zu Spanplatten im Möbelbau. Für die Verklebung der verleimten Holzlagen wird zwar meistens auch Formaldehydharz verwendet, der Formaldehydanteil ist jedoch im Vergleich zu Spanplatten allgemein gering.
- Glasplatten auf der gewachsten Naturholzoberfläche eines Tisches haben sich seit langem bewährt.
- Wollen Sie Holzböden ➟ Seite 111 f. im Speisezimmer wachsen, so

geben mineralische Wachse wie Zeresin meistens weniger Geruch ab als pflanzliche oder tierische (machen Sie beim Kauf eine Geruchsprobe).

- Ein Hinweis für alle, die eine Vorliebe für alte Möbel haben: Holzwürmer lassen sich ohne Gifteinsatz mit einem heißen Föhn (über 60 Grad) zuverlässig entfernen.

Die Wände im Essbereich

- Für Wand- und Deckenanstrich ➡ Seite 103 ff. eignen sich besonders mineralisch gebundene Wand- und Deckenanstriche (mineralische Silikatfarben).
- Pflanzenfarben sind im Essbereich wegen des Geruches des natürlichen Bindemittels (Orangenpflanzenöl oder Bienenwachs) weniger geeignet.
- Wegen des überwiegenden Kunststoffanteiles bei Strukturtapeten sollten Sie auch im Essbereich eher Papier- oder Raufasertapeten verwenden.

Hygiene im Essbereich

- Brotkrümel und andere Nahrungsmittelreste, die auf den Boden fallen, sind auch Nahrung für Insekten und Bakterien. Glatte, pflegeleichte Bodenoberflächen sind daher eine hygienische Notwendigkeit.
- Tischteppiche gehören mehrmals wöchentlich gesaugt (Mikrofilterstaubsauger verwenden) und häufig außer Haus gereinigt.
- Wenn Sie im Essbereich einen Steinboden möchten, sollten Sie wegen des Pflegeaufwandes nur nach sorgfältiger Prüfung auf Natursteinplatten mit breiten Fugen und rauer Oberfläche zurückgreifen.
- Auf Teppichböden mit Latex-Trägerflies, Schaumrücken und synthetischen Fasern sollten Sie im Essbereich jedenfalls verzichten. Neben möglicher Schadstoffabgabe und Geruchsbelästigung kann es außerdem zu elektrostatischer Aufladung kommen.

Beheizung des Essbereichs

- Kühle, frische Raumluft und sanfte Wärmestrahlung ➡ Seite 132 f. schaffen passende thermische Voraussetzungen für eine angenehme Essenspause. In den Wintermonaten ist vor und nach den Mahlzeiten eine kurze Stoßlüftung ➡ Seite 127 angebracht. Dauerlüftung – auch zum Wintergarten hin – ist wegen der Verbreitung des Speisegeruchs nicht ratsam.

- Gute Wirkung im Essbereich haben keramische Radiatorenverkleidungen. Sie verwandeln die trockene Konvektionswärme von Hochtemperatur-Rippenheizkörpern in angenehme, strahlende Wärme. Kontraproduktiv sind hingegen Fenstervorhänge bis zum Boden. Sie erhöhen nicht nur den Energieverbrauch, durch Reduktion von Strahlungswärme und vermehrte Konvektionswärme trocknet auch die Raumluft aus. Wird der Vorhang zur Seite gezogen, sinkt bei thermostatisch gesteuerter Mischregelung die Vorlauftemperatur und parallel der Energieverbrauch um 40 Prozent. Bewährt haben sich hingegen Fenstervorhänge, die oberhalb des Heizkörpers enden. Sie schirmen die Kälte der Fensterflächen (vor allem am Abend) ab.
- Ideal für ein behagliches Klima im Essbereich ist die Kombination von wärmeneutralen Wand-, Decken- und Bodenbelägen und einer Niedertemperatur-Wandheizung ➟ Seite 82.

Behaglichkeit im Essbereich

- Kunstlicht sollten Sie ca. 60 cm über dem Speisetisch installieren. Der ungehinderte Blickkontakt zwischen den Anwesenden ist so blendfrei möglich. Verwenden Sie keinesfalls Lampen mit Blau-Charakteristik – sie verwandeln das beste Steak mit Gemüse in ein Einheitsgrau. Wenn farbechte Beleuchtung (z. B. True-Lite) nicht erhältlich ist, sollten Sie Lampen mit rötlicher Tönung den Vorzug geben.
- Die natürliche Belichtungsfläche am Tage soll nicht weniger als 15 Prozent – bezogen auf die Bodenfläche des Speisezimmers – betragen.
- Helle Farbtöne in Gelb und Orange, auch mit neutralen Zwischenfarben in Grün, spiegeln Leichtigkeit, Energie und Harmonie wider und sind ideal für den Essbereich.

Die Küche – pflegeleicht und funktionell

Als Erfinderin der modernen Einbauküche gilt die österreichische Architektin Margarete Schütte-Lihotzky. Die von ihr entwickelte „Frankfurter Küche“ trat in den 30er Jahren als „amerikanische Küche“ ihren Siegeszug an. Geringer Platzbedarf, hohe Funktionalität und niedriger Arbeits-

und Pflegeaufwand sind die Kriterien, die die Küchenentwerfer seit damals zu berücksichtigen haben. Und wenn man auch da und dort noch einen alten Brotschrank, ein Wandbord für Geschirr oder gar für Gewürze findet, die heutige Küche ist eine Einbauküche. Nachdem solche Einbauteile nicht ohne weiteres im Nachhinein zu verändern sind, kommt es in den modernen Küchen in besonderem Maß auf eine sorgfältige Raumplanung an.
Für eine Arbeitsküche ist nicht allein die vorhandene Quadratmeterzahl, sondern besonders die zum Verbau geeignete Fläche entscheidend. Je weniger Platz vorhanden ist, desto maßgenauer müssen die Einbauten zugeschnitten sein.
In eng aneinander gereihten, geschlossenen Möbeln können sich gesundheitsschädliche Gase in bedenklichen Mengen konzentrieren, deshalb muss die Materialwahl hier besonders sorgfältig erfolgen. Noch höherer gesundheitlicher Stellenwert kommt aber all jenen Küchenteilen zu, in denen Speisevorräte und Essgeschirr gelagert werden.

Ausrichtung und Funktion

Arbeitsküchen werden in der sonnenabgewandten Seite des Bauwerkes situiert (Nordost, Nordwest), Wohnküchen, die ganztägig genutzt werden, liegen zweckmäßiger auf die Südostseite.
Küche, Essraum, Essterrasse, Wohnraum und, wo vorhanden, der Wintergarten bilden innerhalb des häuslichen Raumverbandes eine Einheit. Kurze Wegstrecken, aber auch der Kontakt zu den anderen Familienmitgliedern (besonders zu Kindern) innerhalb dieser Räume sollte möglich sein.

Bau- und Ausstattungsmaterialien

Holz in der Küche

- Mehrschichtverleimtes Holz, auch mit Kunstharzverleimung (statt Naturharzleim), für die Herstellung von Küchen-Einbaumöbeln reduziert den Klebemittelanteil und damit die Gefahr von Schadstoffemissionen um ein Vielfaches im Vergleich zu Spanplatten.
- Bei einer Vollholzküche sollten Sie darauf achten, dass auch die Rückenwände und Schubladenböden aus Vollholz gefertigt sind.

Bodenbeläge für die Küche

- Glatte, pflegeleichte Oberflächen sind für Bodenbeläge ➟ Seite 108 ff. im Küchenbereich wichtig. Aus hygienischer Sicht kommen daher besonders glasierte Fliesen in Frage. Sie sind unverwüstlich und lassen sich rasch reinigen.
- Cotto-, Tonfliesen und Sandsteinbeläge sind porös und damit fettempfindlich, deshalb können sie nur mit porendichter Oberflächenversiegelung (gewachst) küchenfest gemacht werden.
- Fliesen- und Steinbeläge sind fußkalt, eine Fußbodenheizung ist hier nötig. Die maximale Bodentemperatur bei Fußbodenheizungen in der Küche sollte deutlich unter 30 Grad Celsius liegen. Eine Überschreitung kann zu Gefäß- und Kreislaufbeschwerden führen.
- Als Belag für den Küchenboden wurde das Linoleum ➟ Seite 109 wieder entdeckt, vor allem wegen seiner Zusammensetzung aus natürlichen Rohstoffen wie Leinöl, Naturharz und Holzmehl. Linoleum riecht angenehm, lädt sich nicht elektrostatisch auf, ist fußwarm und dauerhaft.
- Weil auch Holz dauerhaft, elastisch und behaglich ist, wird es seit Jahrhunderten in Küchen als Bodenbelag eingesetzt. Eine porendichte, pflegeleichte Oberfläche erreicht man mit Wasserlack (kann mit Wasser verdünnt werden und ist auch bei der Verarbeitung gerucharm).

Hygiene und Funktionalität in der Küche

- Bei der Gestaltung von Küchenwänden und -decken haben sich besonders Gipsplatten sowie Gips- und Kalkputze wegen der feuchtigkeitsausgleichenden Wirkung bewährt. Auch andere saugfähige Materialien wie Raufaser, Holz etc. nehmen Wasser und auch Fett aus Kochdünsten auf.
- Im Bereich des Spülbeckens und des Herdes empfehlen sich abwaschbare, wasserdichte Oberflächen (Fliesen, Stein).
- Küchen sollten täglich bis zu 10-mal gründlich gelüftet werden. Die Entlüftung über den Dunstabzug (über Dach) oberhalb des Herdes ist zweckmäßig. Beim Kauf des Gerätes sollten Sie auf die Lärmbelastung durch den Ventilator achten.
- Die Höhe der Arbeitsfläche von Küchenmöbeln sollte nicht nach der vorgegebenen Norm, sondern nach der individuellen Körpergröße bestimmt werden. Nur so ist durch die aufrechte Haltung die Wirbelsäule entlastet.

- Arbeitsplatten können – je nach Verwendungszweck – auch unterschiedlich ausgeführt sein. Zu empfehlen sind glasierte Fliesen- oder Steinflächen im Herd- und Nassbereich, geölte oder wasserlackversiegelte Hartholzoberflächen in den anderen Arbeitsbereichen.

Das Badezimmer – nicht allein zur Körperpflege

Der Sanitär- und Badmöbelmarkt ist weiterhin steigend. Laut einer Untersuchung des Meinungsforschungsinstituts Fessel-GfK wollen 71 Prozent der Österreicher in Wohnung, Haus und Garten investieren, 31 Prozent davon bevorzugt in Badmöbel, und 43 Prozent gaben an, ihr neues bzw. renoviertes Bad mit einer Dusche ausstatten zu wollen.
Ähnlich ist auch die Entwicklung in Deutschland in den letzten Jahren: Hier haben – laut der Gesellschaft für Unternehmens-, Marketing- und Kommunikationsforschung IRES in Düsseldorf – 19 Prozent der Haushalte in den letzten drei Jahren ihr Bad neu installiert oder renoviert.
Die größten Veränderungen bei der Sanierung gab es im Bereich Wanne und Becken (inklusive der Armaturen), wobei durchschnittlich 65.000 Schilling (fast 10.000 DM) ausgegeben wurden.
Die Vorstellungen vom Bad der Träume lauten:

1. Hell/freundlich
2. Haltbar/qualitätsvoll
3. Pflegeleicht
4. Produktgarantie
5. Sparsamer Wasserverbrauch
6. Problemlose Reparaturen
7. Gute Bedienbarkeit/Funktionalität
8. Niedriger Energieverbrauch
9. Wohlfühlen/Entspannen
10. Schöne Materialien

Im Vordergrund steht nicht mehr allein die Grundfunktion der Körperreinigung und -pflege. Das Bad der 90er Jahre hat sich zunehmend zu einem allen anderen Wohnbereichen gleichwertigen Wohnraum entwickelt, der Erholung, Entspannung und Regeneration bieten soll.
Es ist zu einem Raum geworden, in dem ebenfalls der persönliche Wohnstil zum Ausdruck kommt. Eine bedeutende Rolle kommt dabei der

Farbgestaltung zu. Bruno Diesenreiter von der Firma Artweger dazu: „Der Trend, die Ausstrahlung des Badezimmers mit Farben zu unterstreichen oder zu verändern, ist weiterhin vorhanden. Duschtrennwände und Badmöbel bieten mit einer umfassenden Farbpalette eine Vielzahl an gestalterischen Möglichkeiten."
Die Oase für Entspannung und Körperpflege kann als Visitenkarte der Persönlichkeit betrachtet werden. Eine Vielfalt an Produkten ermöglicht die individuelle und einzigartige Gestaltung des Badezimmers. Vielfach werden maßgeschneiderte Lösungen für jeden Geschmack und jede Raumgröße angeboten. Unabhängig von der Raumgröße kann mit innovativen Ideen und einer geschickten Einrichtung auch auf kleinstem Raum ein behagliches Bad geschaffen werden.
Wie immer auch das Badezimmer eingerichtet wird, der oft kostspielige Komfort allein berücksichtigt die gesundheitlichen Gesichtspunkte aber nicht unbedingt.

Ausrichtung und Funktion

Sanitärräume werden dann, wenn diese nur zur Körperpflege kurzzeitig genutzt werden, in der sonnenabgewandten Seite des Bauwerkes situiert. Das Wohnbad als ausgiebig genutzter Lebensraum verlangt aber eine sonnenorientierte Ausrichtung. Badezimmer, meist in unmittelbarer Nähe der Schlafräume gelegen, gehören zum Intimbereich der Wohnung.

Bau- und Ausstattungsmaterialien

Technische Installationen

- Achten Sie darauf, dass die Steig- und Fallwasserleitungen nach Möglichkeit in einem durchgehenden Schacht untergebracht werden.
- Um Schwingungsübertragungen von Rohrleitungen durch das Mauerwerk zu vermeiden, sollen diese mit Filz, Schafwolle oder Isolierkork ummantelt werden.
- Kugelhähne in Druckwasserleitungen verursachen weniger Geräusche als Ventile mit losem Kegel.
- Klosettspülkästen mit Schallschutzeinrichtung vermindern die Geräuschentwicklung entscheidend.
- Altbewährt in Badezimmern sind Keramik- und Steinböden. Wichtig ist die absolut dichte Verfugung. Besonders die Wandanschlüsse müssen mit dauerelastischem Material (Silikon) verfugt werden.

So bekommen Sie das Kondenswasser in den Griff

- Das Schwitzwasser an den Wänden und Decken im Badezimmer fördert den Schimmelbefall. Je höher die Oberflächentemperatur von Wand und Decke, desto weniger Kondenswasser fällt an. Ein ständig bei über 20 Grad Celsius temperiertes Badezimmer ist zu empfehlen.
- An das Zentralheizungssystem angeschlossene Badetuchtrockner, auch mit Elektrozusatzaufheizung, ermöglichen Sommer und Winter eine praktische Schnelltemperaturregelung.
- Fünf Minuten Stoßlüftung ➟ Seite 127 bei weit geöffnetem Fenster nach dem Baden oder Duschen bringt kühle und trockene Luft ins Bad und beschleunigt die Trocknung nasser Wände (das ist besonders im Winter wichtig).
- Zur Regulierung der Kondenswassermenge im Badezimmer hat sich eine Mischform aus dichten Oberflächen im unteren Bereich und feuchtespeichernden Bauteilen im oberen Bereich bewährt.
  Oberhalb der Verfliesung werden Wände und Decken mit offenporigem, saugfähigem Putz und Anstrich versehen (z. B. mit mineralischem Kalkputz oder Gipskarton-Feuchtraumplatten). Außerhalb des Spritzwasserbereiches haben sich auch (mit Borax- oder Borpräparaten) pilzgeschützte oder hinterlüftete Holzverschalungen bewährt. (Die Montage erfolgt auf einer Lattung, wobei an den oberen und unteren Kanten der Verkleidung die Fugen ca. 3 cm breit offen bleiben.) Diese Materialien dienen als Feuchtepuffer, das heißt, sie nehmen Schwitzwasser auf und geben es allmählich wieder an die Raumluft ab.
- Das Badezimmer ist der ideale Ort für eine Fußbodenheizung. Sie sorgt für angenehme Bodenwärme.

Sicherheit im Badezimmer

- Die Verletzungsgefahr im Badezimmer ist besonders hoch. Die verfliesten Einbauten von Duschtassen, Badewannen, Waschbecken etc. dürfen weder spitze Ecken noch scharfe Kanten aufweisen. Einbrennlackierte oder pulverbeschichtete Rundkantenleisten als Fliesenabschluss sind eine optisch einwandfreie Vorsichtsmaßnahme.
- Ein stabiler Griff als Ein- und Ausstiegshilfe bei Badewanne und Pool schützt vor Ausrutschen und damit verbundenen Verletzungen.
- Schalter und Steckdosen müssen außerhalb des Spritzwasserbereiches installiert werden.
- Badewannen aus Stahlblech oder Gusseisen müssen geerdet sein.
- Im Badezimmer sollten Sie keine Metallbeleuchtungskörper verwenden.

Sauberkeit im Badezimmer

- Verwenden Sie Essig statt chemischen Entkalkungsmitteln zur Reinigung von Armaturen. Warmwassertemperaturen unter 60 Grad Celsius minimieren die Verkalkung.
- Klosettanlagen mit eingebauter Duschreinigung und Luftabsaugung sind zwar nicht billig, aber dafür ein komfortabler Beitrag zu Körperhygiene.

Kellerräume – für Haustechnik und Spaß

Wer sich heute beim Hausbau für einen Keller entscheidet – was bei den hohen Kosten nicht immer der Fall ist –, denkt sicher nicht daran, die wertvollen Räume als Lager für Kohlen und Kartoffeln zu benutzen. Der Wunsch nach einem Sauna- und Fitnessbereich, einem Hobbyraum oder zusätzlichem Wohnraum sind meist der Grund, warum Hausbauer tief in die Tasche greifen, um die kostbare Grundfläche optimal auszunützen. Aber um die unterirdischen Räume für derartige Zwecke nützen zu können, sind besondere Dichtungsmaßnahmen unverzichtbar. Ein Feuchteschutz der Fundamente verhindert außerdem, dass Nässe an den Mauern hochsteigt und diese schädigt.

Bau- und Ausstattungsmaterialien

Trockenes Baumaterial für den Keller

Bei der Errichtung eines Kellers können bis zu 40.000 Liter Wasser in den Baumaterialien stecken ➟ Seite 145 f. Der größte Teil davon muss nach Fertigstellung innerhalb des Hauses verdunsten, da Kellerwände nach außen dicht abgeschlossen werden. Beim reinen Schalbetonkeller dauert die Bauaustrocknung ➟ Seite 145 f. bis zu fünf Jahre. Von Experten (u. a. Prof. Anton Schneider) wird für eine 30 cm starke Betonwand eine Austrocknungsdauer von ca. 1.440 Tagen genannt.

- Wollen Sie das Risiko der Raumluftbelastung durch biologische Schadstoffe reduzieren, sollten Sie möglichst trockenes Baumaterial verarbeiten, das heißt, die Baustoffe sollten auf der Baustelle trocken gelagert werden.
- Trockene Leichtbeton-Hohlblocksteine sind dort, wo nicht mit Hang-

druck zu rechnen ist, Betonschalsteinen oder Schalbeton vorzuziehen.
- Für das Kellermauerwerk außerhalb des Erdreiches sind Ziegel mit wesentlich geringerer Austrocknungsdauer zweckmäßig.

So können Sie die Bauaustrocknung beschleunigen

Baufeuchte zieht einen erhöhten Heizbedarf nach sich, weil die Verdunstungskälte und die höhere Wärmeleitfähigkeit feuchter Bauteile ausgeglichen werden muss. Dazu kommen noch die Wärmeverluste durch die notwendige vermehrte Lüftung.

- Die Bauaustrocknung können Sie wirkungsvoll beschleunigen, wenn sofort nach Einbau der Fenster geheizt (auch im Sommer) und stoßgelüftet wird, indem Sie kurzzeitig für Durchzug sorgen.
- Die beste Kellerbauzeit sind die Herbst- und Wintermonate (niedrige Luftfeuchte im Winter).
- Trockenbaustoffe wie Natur-Gipskarton statt Innenputz und Trockenestrich statt Nassestrich verhindern zusätzliche Baufeuchte.
- Ablaufrohre von Dachrinnen sollten Sie auch provisorisch so verlegen, dass das Regenwasser vom Kellermauerwerk abgeleitet wird.
- Verwenden Sie keine dampfdichten, sondern voll atmungsaktive Anstriche wie mineralische Silikatfarbe. Biopflanzenfarben ohne Konservierungsstoffe können an baufeuchten Kellerwänden nach kurzer Zeit schimmeln.

Die Sauna im Keller

- Holzverbauten (z. B. in der Sauna) sollten Sie so montieren, dass dahinter Luft zirkulieren kann ➟ Seite 35.
- Die feuchte Abluft der Sauna (Verdampfer, die zum Betreiben von Kräuterbädern in die Saunakabine eingebaut werden) muss unbedingt über Dach geführt werden.

Schallschutz

- Schalbeton-Kellerwände haben die Eigenschaft, „hellhörig" zu sein. Wollen Sie einen Teil des Kellers als Wohnraum nutzen, sollte dieser möglichst mit schallabsorbierenden Schichten beplankt werden. Schon nur durch lose vorgehängte Holzvertäfelungen kann eine gute Schalldämmung ➟ Seite 147 ff. erzielt werden. Es gibt aber auch professionelle Schallschutzsysteme.

Der Wintergarten – ein Urlaub zu Hause

Den „Volkswintergarten" gibt es bereits bei einer deutschen Firma zu kaufen: Er ist drei Meter lang, 1,80 Meter breit, bietet bequem zwei Personen Platz und kostet für Selbstabholer schlappe 80.000 Schilling/11.500 DM. Dafür darf der geschickte Bastler dann alles selbst machen, eventuelle Spezialitäten wie wärmedämmendes Glas kosten extra.
Der Handel trägt damit einem Trend Rechnung, der schon seit geraumer Zeit anhält, denn Architekten, Baumeister und Fertighausproduzenten haben den Wintergarten, der schon im viktorianischen Zeitalter Villen und Landhäuser der „Reichen" zierte, wieder entdeckt.
Aber ein vernünftig konstruierter und gebauter Wintergarten ist mehr als nur ein Wohnraum schaffender Anbau zum Haus, er leistet auch einen positiven Beitrag zur Verbesserung der Wohnatmosphäre. Er fungiert außerdem als „Heizenergiegewinnungsanlage", die umso effizienter arbeitet, je rechtzeitiger die Verbindungsflächen geöffnet beziehungsweise geschlossen werden. Er ist also eine billige Art der Regeltechnik, die keiner Normung bedarf, sondern nur eines bewussten Mitlebens der Hausbewohner.
Denn ein Wintergarten funktioniert in der Regel wie ein stehendes Luftkissen vor dem angrenzenden Wohnbereich, sorgt so für eine zusätzliche Wärmedämmung und reduziert damit auch die Heizleistung. Spezielles Wärmeschutzglas kann die Sonneneinstrahlung in Wärmeenergie verwandeln, wobei die Sonnenenergie nach innen reflektiert wird und eine Gasfüllung zwischen den Scheiben verhindert, dass die Wärme nach draußen verloren geht.
Und die Energie, die von den Glaswänden teilweise reflektiert, teilweise absorbiert wird, landet in Fußböden und Möbeln und bleibt als so genannte „langwellige" Wärmestrahlung im Raum erhalten.
Ob nun ein Wintergarten tatsächlich die Heizkosten drückt, darüber gibt es unterschiedliche Meinungen. Die Anbieter von Wintergärten sprechen jedenfalls von einer Einsparung bis zu einem Drittel der jährlichen Heizungs- und Warmwasseraufbereitungskosten, Nutzer von modernen Glashäusern können dies nur fallweise bestätigen, wobei es hier auf geografische Lage, die Situierung des Wintergartens und das Heizsystem ankommt.
In der heißen Jahreszeit kann die so geschätzte Sonne und die damit verbundene Wärmeentwicklung aber auch zur Plage werden. Optimale Be- und Entlüftungssysteme sind daher unabdingbar. So haben sich für

außen Dachflächenmarkisen, Jalousien und Rollläden zur wirksamen Abwehr der Einstrahlung bewährt, erfordern aber witterungsbedingt einen erhöhten Aufwand für Reinigung und Pflege. Innen sind Baldachine, Segel, Raffstores, Lamellenstores usw. sehr begehrt, diese haben jedoch lediglich Blend- und Sichtschutzfunktion.

Lüftungsklappen und Kippfenster sollten nach Meinung der Fachleute so groß sein wie ein Drittel der Wintergarten-Grundfläche, damit eine ausreichende Belüftung sichergestellt ist. Ob die Öffnung der Luken per Hand oder per Motor geschehen soll, muss bei der Planung des Glashauses kalkuliert werden, denn gerade diese Feinheiten lassen sich die Hersteller gut bezahlen. Zusätzlich brauchen diese Belüftungsvorrichtungen einen entsprechenden Regen- und praktischerweise auch einen Insektenschutz. Eine automatische Steuerung ist – vor allem wenn noch Geld für einen Urlaub geblieben ist – anzuraten.

Wintergärten werden in Holzkonstruktion (vorwiegend Nadelholz und Leimbinder als tragende Teile), in Aluminium und, falls statisch erforderlich, auch in Stahl angeboten.

Hauptbestandteil ist aber natürlich das Glas, wobei Glasdächer aus Sicherheitsgründen aus splittersicherem Glas gefertigt sein müssen. Hier forschte und entwickelte die Industrie mit beachtlichen Erfolgen: Die primitive Einfachverglasung von früher ist durch eine große Zahl verschiedenster Gläser ersetzt worden. Durch Doppel- und Dreifachverglasung lassen sich Probleme wie Kondensation und Wärmeverlust auf ein vertretbares Maß reduzieren.

Aber natürlich gibt es für Verglasung und Bedachung behördliche Vorschriften: So gilt für Wärmedämmgläser ein k-Wert von 0,4–1,3 W/m-K (nach DIN), bei Überkopf- und Brüstungsverglasungen sind Verbund-Sicherheitsgläser vorgeschrieben. Feste Bedachungen können etwa aus Gründen des Brandschutzes notwendig werden.

Getönte, reflektierende und wärmeabsorbierende Gläser schützen vor allzu großer Hitze, angeboten werden auch opto-elektrische Gläser, eingeschweißte Solarzellen oder UV-durchlässige Scheiben für all jene, die sich sommerliche Bräune im eigenen Wintergarten holen möchten.

Da sich in unseren Breiten der Sommer oft rar macht und der Wintergarten nicht als Kühlschrank genutzt werden soll, wird die Installation einer Heizung wohl notwendig sein. Wobei hier darauf geachtet werden muss, keine trägen Systeme wie etwa eine Fußbodenheizung einzubauen, denn wenn nach trübem Wetter die Sonne wieder lacht, wird der Wintergarten zur Saunakammer.

Richtige Behaglichkeit und Gartenatmosphäre schaffen jedoch erst Pflanzen im Wintergarten, wobei die Auswahl einiges Geschick erfordert. Nicht alle vertragen die direkte Sonne. Vor allem die großen Temperaturunterschiede in der Übergangszeit können zum Problem werden. Buntwurz (Caladium), Wunderstrauch (Codiaeum), Marantengewächse und Schefflera sind hier ein heißer Tipp, zu den unempfindlichsten Grünpflanzen gehören verschiedene Arten des Gummibaums und Philodendronarten. Und wer auf Nummer sicher gehen will, greift zu Kakteen, wobei sich der Osterkaktus (Rhipsalidopsis) und der Weihnachtskaktus (Schlumbergera) am besten eignen.
Die Wahl der Pflanzensorten hängt natürlich davon ab, ob der Wintergarten beheizt wird oder nicht. Die sensibleren Töpfe müssen in der kalten Jahreszeit in der warmen Stube Platz finden. Egal ob die Gewächse aus der Wüste oder dem Urwald stammen: Für schattenspendende Vorrichtungen sind sie alle dankbar.

Ausrichtung und Funktion

Der Wintergarten sollte immer so errichtet werden, dass die tief stehende Wintersonne durch den Wintergarten in den dahinter liegenden Wohnbereich einstrahlen kann. Höchster Wärmegewinn durch optimale Situierung des Wintergartens erfolgt am sichersten nach Vermessung des Bauplatzes mit einem Sonnenmessgerät (lange Winterschatten durch Bäume, Gebäude, Bergkuppen etc. werden dabei exakt erfasst).

Bau- und Ausstattungsmaterialien

- Die Konstruktionsteile des Wintergartens werden in Leichtmetall, kunststoffbeschichtetem Stahl oder in Holz angeboten. Da an den Konstruktionselementen zahlreiche Problemzonen in den Anschlussteilen zu den Glasflächen auftreten können, sollten Holztragwerke immer in Brettschichtholz (schichtverleimt) ausgeführt werden.
- Wollen Sie auf „harte" Holzschutzmittel ➟ Seite 112 ff. verzichten, kann die erwünschte Langlebigkeit durch Abdecken der äußeren Leimbinder mit pulverbeschichtetem Blech erreicht werden.
- Mit der Verwendung von Isolierglas können Sie den Wintergarten weitgehend frostfrei halten. Die Scheiben beschlagen nicht so schnell wie Einfachglas.
- Dachschrägen sind in Sicherheitsglas auszuführen.

- Der freie Querschnitt von Lüftungsöffnungen sollte 20 Prozent der Glasflächen betragen.
- Fenster, Türen oder Klappen im oberen Bereich des Wintergartens sollten wahlweise das Ausströmen der Warmluft ins Freie oder in die Wohnung ermöglichen.
- Bei zweigeschossigen Wintergärten erfolgt die Luftumwälzung zwischen Wintergarten und Wohnung nach dem Schwerkraftprinzip von selbst. Bei eingeschossigen Wintergärten können Sie zum Warmlufttransport ins Innere des Hauses an der höchsten Stelle des Glashauses einen Ventilator einsetzen.
- Als Sonnenschutz für die Pflanzen haben sich helle Stoffbahnen an der inneren Seite der Schrägverglasungen bewährt.
- Schatten im Hochsommer spenden auch Laubbäume und Berankungen, die vor dem Wintergarten gepflanzt werden.
- Wenn Sie den Wintergarten mit exotischen Pflanzen besetzen möchten (Fächerpalme, Dattelpalme, Drachenbaum etc.), so müssen Sie im Winter auf ca. 15 Grad Celsius heizen. Für Oleander, Hibiskus, Fuchsie oder Bleiwurz reicht eine Frostschutzsicherung (2 bis 10 Grad Celsius).
- Der Frischluftbrunnen ➡ Seite 128 versorgt über den Wintergarten auch an kalten Wintertagen den ganzen Wohnbereich mit frischer, im Plusbereich vortemperierter Luft.
- Auch für den Wintergarten gilt, was die NASA eindrucksvoll bewiesen hat: Grünpflanzen in Räumen haben eine luftreinigende Wirkung und können schädliche Gase wie Formaldehyd, Ammoniak etc. neutralisieren und absorbieren.

Literatur zum Thema

Edgar Haupt, Anne Wiktorin: Wintergärten. Anspruch und Wirklichkeit. Ökobuch Verlag, Staufen 1996

Christoph Köchel, Maria Köchel: Pflanzenparadies Wintergarten. Planung, Gestaltung, Pflege, ausführliche Pflanzenporträts. BLV, München 1998

Holger Reiners, Ulrich Timm: Der Wintergarten. Wohnkultur unter Glas. Callwey, München 1994

Bernhard Kolb: Wintergärten und Glasanbauten im Detail. Projektbeispiele. Material. Konstruktionsdetails. Kosten. Weka Verlag, Augsburg 1995

Holger Reiners: Wohnen im Wintergarten. Aktuelle Entwürfe für ein stilvolles Ambiente. Callwey, München 1995

DER GARTEN ALS LEBENSRAUM

Die harmonische Verbindung des unmittelbaren äußeren Lebensraumes mit dem Innenraum fördert ein naturintegriertes Zuhause. Einerseits soll es Plätze geben, wo die Bewohner im Garten die für die Entspannung notwendige Ruhe finden, andererseits ist er eine Stätte für Kommunikation und Spiel. Als Nutzgarten für Obst, Gemüse und Kräuter, als Feucht- und Vogelbiotop oder auch nur als kleine Freifläche macht der eigene Garten den Rhythmus der Natur wieder bewusst und lässt seine Nutzer danach leben.

Allerdings sind die Bedingungen durch Lage und Größe des Grundstückes gegeben. Daneben spielt auch das regionale Klima eine entscheidende Rolle, denn im geschützten Flachland gedeihen andere Pflanzen als in hohen Lagen. Und – so die Autoren des „Bau- und Wohnhandbuchs" des Landes Salzburg – „planungsrelevant ist auch das Klein- oder Mikroklima. Der schönste Südhang nützt wenig bis nichts, wenn unmittelbar davor ein Hochhaus oder ein Wald mit hohen Bäumen steht. Das eigene Haus und die Häuser der Nachbarn sowie bereits vorhandene Bäume beschatten Teile des Gartens, und mit der Bewegung der Sonne im Laufe des Tages kann es geschehen, dass an verschiedenen Stellen ein Schatten den anderen ablöst.

Dass die Grundstücksgröße einen mindestens ebenso entscheidenden Gesichtspunkt wie die geografische Lage darstellt, liegt auf der Hand. So attraktiv ein weitläufiger Park auch erscheinen mag, er wird sich kaum auf 500 Quadratmetern verwirklichen lassen. Die vorhandene Fläche vermindert sich auch durch den verbauten oder noch zu verbauenden Teil des Grundstückes, zum Beispiel Terrasse, Garage und eventuell geplante Erweiterungen. Praktische Funktionsteile des Gartens bilden eine erste Vorgabe für die nachfolgende Gestaltung."

Ausrichtung und Funktion

So wie im Inneren des Hauses gibt es auch im Garten unterschiedliche Funktionsbereiche: den Ruhe- und Regenerationsbereich in einer leisen, ungestörten Ecke, den Kommunikationsbereich, wo auch lautstarke Unterhaltung und Musik nicht stören, den Essbereich, der leicht vom Haus-

inneren zugänglich sein muss, die Verkehrswege, aber auch den ungestörten Platz für Fauna und Flora. Windgeschützte Wohnterrassen sollten Sie im Südosten des Bauwerkes anlegen.
„So sind Garage, Parkplatz und Werkzeugschuppen weit weg vom Wohnzimmerfenster“, schreibt das Bau- und Wohnhandbuch. „Diese sind dort, wo sie am wenigsten eingesehen werden, aber zugleich auch ihren Zweck am besten erfüllen können. Dasselbe gilt für Gemüsegarten und Wäschespinne, die sinnvollerweise in Küchen- beziehungsweise Waschküchennähe sein sollten. Und erst nach Festlegung dieser Fixpunkte kann mit der eigentlichen Gartengestaltung begonnen werden.“

Bau- und Ausstattungsmaterialien

Wichtige Pflanzen für den Garten

Pflanzen schlucken Schall, filtern Staub und schützen vor Einblick. Im dicht verbauten Gebiet, wo Mauerwerk und Asphaltflächen im Sommer unsere Luft aufheizen und austrocknen, spenden bewusst angelegte Gärten Feuchte und Kühle.

- Nadelbäume mit ganzjährigem Grün, nördlich und nordwestlich des Gebäudes angeordnet, schützen vor auskühlenden Winden.
- Ganzjährig belaubter Fassadenbewuchs (Efeu ist anspruchslos und wird bis zu 25 m hoch) an der Nord- und Nordwestseite dient als Wetterschutz und Wärmedämmung.
- Laubbäume in südlicher Gebäudenähe spenden im Sommer Schatten und verhindern eine unangenehme Überhitzung.
- Kletterpflanzen, die im Herbst ihr Laub abwerfen (z. B. Clematis, Wein, Knöterich und Heckenrose) pflanzen Sie am besten auf der Südseite des Hauses. In der heißen Jahreszeit schützen sie vor Sonneneinstrahlung, in den Wintermonaten lassen sie die erwünschte Wärme ins Haus einstrahlen.
- Die Meinung, dass Kletterpflanzen den Fassadenputz zerstören, stimmt bei fugenlosem Mauerwerk nicht. „Fassadenpelz“ schützt vor Regen, UV-Licht und extremen Temperaturschwankungen.
- Kletterhilfen, an denen sich Rank- und Schlingpflanzen festhalten können, müssen mit mindestens drei Zentimeter Abstand zur Hausfassade angebracht werden.
- Fassadenpflanzen dürfen nicht über den Rand der Dachrinne hinaus wachsen. Sie unterwachsen Dachsteine, heben diese auf und zerstören damit die dichte Dachhaut.

Baumaterialien im Garten

- Für Wegbefestigungen sollten Sie wasserspeichernde und wasserdurchlässige Gehwegsteine oder Platten verwenden. Wenn sie auf Kies- und Sandbett verlegt werden, kann das Oberflächenwasser versickern.
- Druckimprägniertes Holzpflaster ist gut zur Terrassen- und Gehweggestaltung geeignet. Ohne ausreichende Reinigung der Holzoberfläche (Druckstrahl) besteht allerdings bei Nässe Rutschgefahr.
- Große Beton- und Asphaltflächen leiten das Oberflächenwasser rasch ab und heizen im Sommer das Klima auf.
- Für Holzzäune sollten Sie harzreiches Nadelholz (Lärche, Kiefer) einsetzen und dieses mit umweltverträglichem Holzschutzmittel (z. B. Kesseldruck-Salzimprägnierung) schützen. Giftiger Zaunanstrich belastet den Lebensraum der verschiedenen Kleintiere und Vögel oft erheblich.
- Garagen an der Nordwest- oder Nordseite des Hauses können ein Schutzschild gegen Wind, Schnee und Regen darstellen.
- Ein begrünter Carport mit regenschützendem Dach kann ein ausreichender Wetterschutz für Ihr Auto sein.

Unterstützung wertvoller Biotope im Garten

- Lebende Zäune aus gemischten Wildhecken (Weißdorn, Brombeerreben, Hartriegel, Hundsrogen) bieten gute Voraussetzungen für ein Vogelbiotop.
- Flache Wasserstellen im Garten als Trink- und Badeplatz für die Vögel (5–10 cm tief und mindestens 1 m^2 groß) sorgen nur dann für ein gesundes Gartenklima, wenn sie nicht faul und brackig sind. Eine regelmäßige Erneuerung des Wassers ist daher erforderlich. (Im Schatten bleibt das Wasser länger frisch.)
- Ein Gartenteich ist nicht nur ein ökologisch wertvolles Gewässer, neben den vielfältigen Lebensbedingungen für Flora und Fauna kann er auch eine naturnahe Konstruktion des Schwimmbeckens darstellen.

BAUSTOFFE: HOLZ, ZIEGEL UND ANDERE

Millionenschwere Werbung, unzählige Bücher und Broschüren, Tonnen von Katalogen und Prospekten und neuerdings auch das Internet machen es dem potentiellen Bauherrn nicht gerade leicht, sich über die Auswahl des richtigen Baustoffes zu informieren. Egal ob Ziegelindustrie, Betonhersteller oder (Holz-)Fertighausproduzenten – alle operieren mit den gleichen Argumenten: ökologisch unbedenklich, dauerhaft über Jahrzehnte und niedrig im Preis.

Der Kampf um den Kunden – sprich Bauwilligen – hat sich in den letzten Jahren verschärft, vor allem seitdem Holz als Baustoff immer mehr Anklang findet.

Denn mehr als 80 Prozent der Österreicher wollen Holz in ihrer unmittelbaren Wohnumgebung haben, war eines der Ergebnisse einer Umfrage des Fessel-GfK-Instituts, die Mitte 1998 veröffentlicht wurde. Ein Wunsch, der auch für Deutschland gelten dürfte und dem die moderne Architektur bereits seit geraumer Zeit Rechnung trägt, wobei nicht nur im Innenausbau verstärkt auf den Baustoff Holz gesetzt wird. Mit seinem geringen Gewicht, seinem variablen Verarbeitungsspektrum, seiner hohen Festigkeit und seinen ökologischen Vorteilen punktet Holz im Einsatz bei vielen Bauaufgaben.

Nicht immer, aber immer öfter. Denn moderne Entwicklungen wie die Leimbindertechnik oder die Brettstapelbauweise ermöglichen völlig neue Formen der Architektur, vor allem im Wohnbau, wo auch der Trend beim mehrgeschossigen Bau in Richtung Holz geht. Eine Hemmschwelle dabei sind allerdings nach wie vor die unterschiedlichen Bauordnungen. Dazu Rüdiger Lex von der Proholz-Holzinformation Österreich: „Die Anforderungen an den Wärme-, Schall- und Brandschutz in den einzelnen Bundesländern erweisen sich bisher als innerösterreichisches Handelshemmnis."

Erste Ansätze, dies zu ändern, gibt es schon. Gesetzesnovellierungen lassen den Schluss zu, dass die Politiker die wachsende Bedeutung von Holz als ökologischem Baustoff erkannt haben, ein Umstand, dem deutsche Politiker schon seit längerer Zeit Rechnung getragen haben.

Der Holzbau betrifft Unternehmen aus vielen verschiedenen Wirtschaftszweigen – Waldbauern, Sägeindustrie, Zimmereien bis hin zu Tischlereien und Möbelherstellern –, eine verstärkte Nutzung wirkt sich in vielerlei Hinsicht positiv auf die Volkswirtschaft aus.
Österreich ist eines der waldreichsten Länder Europas. Rund 47 Prozent der gesamten Staatsfläche sind bewaldet. Diese Waldfläche nimmt jährlich um rund 20 km^2 zu. Auch Bayern ist äußerst waldreich: Seine Gesamtfläche ist zu über einem Drittel mit Wald bedeckt. Von den rund 212.000 Waldbesitzern mit über 1 ha Waldfläche bewirtschaften hier knapp drei Viertel der Betriebe Waldflächen unter 5 ha Größe und in den Jahren 1995 und 1996 hat die Waldfläche Bayerns um 2.279 ha zugenommen.
Aber nur zwei Drittel dieses Zuwachses werden auch wieder genutzt, ein Drittel verbleibt im Wald. Solange Holz wächst, nimmt es laufend CO_2 auf, um es in Form von Kohlenstoff zu binden. Erst wenn dieses Holz verbrannt wird oder verrottet, gibt es den zuvor gespeicherten Kohlenstoff wieder frei. Wird Holz als Baustoff dauerhaft genützt, so dient es auch als dauerhafter Kohlenstoffspeicher. Deshalb ist der verstärkte Einsatz von Holz als Baustoff – nach Meinung der Experten – ein effizienter Weg zu mehr Klimaschutz.
Der Schweizer Alan Müller bestätigt in seiner Diplomarbeit am Institut für Tragwerkslehre und Ingenieurholzbau der Technischen Universität Wien: „Eineinhalb Holzhäuser speichern gleich viel CO_2, wie die Herstellung eines traditionellen Massivbaues freisetzt. Der Treibhauseffekt wird im gleichen Umfang reduziert."
Der große volkswirtschaftliche Gewinn des zunehmenden Holzbaus liegt in der Stärkung der regionalen Wirtschaft. Denn Holz wird überwiegend dort verarbeitet, wo es auch geerntet wird. Das ist ein wichtiger Vorteil für die gewerbliche Wirtschaft vor Ort – vom Sägewerk bis zum Zimmermeister. Bei den Baukosten liegen Holzbau und Massivbau weitgehend auf gleichem Niveau. Aktuelle Beispiele des mehrgeschossigen Holzwohnbaus zeigen eines sehr deutlich: Der hohe Vorfertigungsgrad im konstruktiven Holzbau hilft Kosten zu sparen und ermöglicht damit eine wesentlich bessere Ausstattung im Innenbereich. Holzbauten sind in aller Regel auch besonders gut wärmegedämmt. Durch die daraus resultierenden geringeren Betriebskosten gewinnt das Gebäude zusätzlich an Wert.
Aber abseits des Geplänkels zwischen Baustoffindustrie und Holzverarbeitern – vor allem die Baumeister haben die zumeist in Holz bauende

Fertighausbranche aufs Korn genommen – bleibt der 4.000 Jahre alte Baustoff Ziegel nach wie vor unangefochten die Nummer eins im Hausbau.
Und gäbe es nicht die unterschiedlichen Interessen der Produzenten und der Verarbeitungsbetriebe der Industrie, so müsste sich der Bauwillige die Frage „Holz oder Ziegel?“ erst gar nicht stellen. Seit Jahrhunderten ist unsere Baukultur mit beiden Materialien, in Harmonie aufeinander abgestimmt, recht gut ausgekommen. Den jeweils richtigen Baustoff am rechten Platz einzusetzen wäre auch heute noch die zweckmäßigste Entscheidung. Und die Frage, wo Holz oder Ziegel einzusetzen ist, kann nur individuell nach den Bedürfnissen der zukünftigen Bewohner beantwortet werden.
Orientierungshilfe ist hier ein geschichtlicher Rückblick: In kälteren Gebieten finden sich gut gedämmte Holzfachwerkkonstruktionen, hergestellt aus massiven, über Jahrhunderte tragfähigen Holzbalken.
In wärmeren Gefilden waren eher dicke, schwere Ziegelmauern zweckmäßig. Diese aber wurden selbst im mediterranen Klima (z. B. in Venedigs Palästen) mit Holz vertäfelt oder mit Stoff verkleidet. Das war eine Maßnahme, die nicht nur aus optischen, künstlerischen Motiven, sondern vielmehr aus Behaglichkeits- und gesundheitlichen Gründen angewandt wurde.
Auch heute warnen Experten aus Medizin und Klimatechnik wieder vor Wänden und Fußböden mit kalten Oberflächen. So weist Dr. med. Ludwig Terhaage vom Institut für Arbeitsmedizin an der Universität Düsseldorf darauf hin, dass die Umschließungstemperaturen (Wand, Decke, Fußboden) für den Wärmehaushalt des Menschen und seine Behaglichkeitsempfindung gewöhnlich deutlich wichtiger sind als die Raumlufttemperatur selbst.
Der Mediziner Dr. Wilhelm Ledwina fordert, dass die Umschließungsflächen (Wände) aus „körperneutralen Materialien“ (Stoff, Holz etc.) hergestellt werden, und erinnert an alte Tapisserien oder Holztäfelungen. Kalte Wände müssen erheblich mehr erwärmt werden als die Raumlufttemperatur. Er hat auch festgestellt, dass solche Materialien eine entscheidende Verbesserung der Durchblutung von Haut, Muskeln und Organgeweben, einen besseren Zellstoffwechsel und damit eine Verkürzung der Erholungszeiten ermöglichen.
Das ist ein Forschungsergebnis, das jeder selbst nachvollziehen kann: Keramische Steine empfindet der Mensch in der Regel selbst bei einer Raumlufttemperatur von über 20 Grad noch als unangenehm kalt.

Raumklima und Baustoffe

Durch unterschiedlichste Zusatzstoffe und neue technische Verfahren werden heute die Eigenschaften von Baustoffen, die dem Menschen seit Jahrhunderten bekannt und vertraut sind, oft erheblich verändert.
So betrachtet könnte so manches als „Holzhaus“ angebotene Bauwerk eher als „Holzwerkstoffhaus“ oder „Spanplattenhaus“ bezeichnet werden, als ein Haus also, das mit dem über Jahrhunderte tradierten und als so behaglich empfundenen Holzhaus kaum mehr etwas gemeinsam hat.
Oft sind gerade jene Eigenschaften, die an Holz besonders geschätzt werden, wie das Puffern von Feuchtigkeit, die Aufnahme von Reizgasen oder auch der angenehm neutrale Geruch, vollkommen verloren gegangen.
Ähnlich ist die Situation beim „Ziegelhaus“. Kaum ein Konstruktionssystem der zurzeit vielfach angewandten „modernen Ziegeltechnologie“ kommt statisch ohne Stahlbeton-Armierungen aus. Stahl und Beton haben aber ganz andere physikalische Eigenschaften als der gute, alte Ziegel. Wie sehr sich die Wohnatmosphäre unserer Räume durch Stahlarmierungen verändern kann, beschreibt z. B. der Hygieniker Prof. Josef R. Möse in einer Broschüre mit dem Titel „Umweltschutz durch den Arzt“. Er weist besonders darauf hin, dass Stahlkranz- und Stahlgitter-Armierungen das Eindringen jener kosmischen Frequenzen verhindern, die für die Stimulation unserer „rhythmischen Körperfunktionen“ (Wach-Schlaf-Zyklus, Verdauungszyklus etc.) verantwortlich sind.
Aber auch Ausscheidungen aus Ziegelmauersteinen, wie etwa radioaktive Edelgase, verändern oft viele Jahre lang unser natürliches Raumklima.
Besonders abhängig von Zuschlagstoffen und Brenntemperaturen, ist die radioaktive Strahlenbelastung der Raumluft durch moderne Ziegel oft recht unterschiedlich. Der für sensible Menschen empfohlene Schwellenwert von 0,5 Nanocurie wird laut einer Broschüre des Amtes der NÖ. Landesregierung, Ausgabe 44/92, häufig immerhin um 20 Prozent überschritten ➡ Seite 100 ff.
Ziegelbauten bleiben auch erheblich länger feucht als Holzbauten. Tatsächlich werden für die Fertigstellung eines „herkömmlichen Neubaues“ in der Größenordnung eines Einfamilienhauses bis zu 80.000 l Wasser verbraucht. Nur ein geringer Teil der Feuchtigkeit wird zur chemischen Festigung der Baustoffe benötigt – der weitaus größere Teil muss verdunsten. Selbst wenn die Ziegelsteine auf der Baustelle vor Durchfeuch-

tung geschützt gelagert werden und der Rohbau in den trockenen Wintermonaten errichtet wird, muss mit langer Bauaustrocknung gerechnet werden. Besonders bei hohem Betonanteil dauert es Jahre, bis sich Baufeuchte und Feuchtigkeit der Umgebungsluft im Gleichgewicht befinden. Wird ein Ziegelbau zu früh bezogen, kommt zu der Baufeuchte zusätzlich die Belastung durch Wohnfeuchte. Sind die Wände dann von schwärzlichem, gesundheitsschädlichem Pilz befallen, nützen Wundermittel wie chemische Pilzvernichter nur kurzfristig. Auch das Überstreichen der befallenen Stellen mit Wandfarbe ist fast immer zwecklos. Der Pilz kommt wieder – und mit ihm die Belastung der Raumluft mit „biologischen Luftschadstoffen". Makabres Detail am Rande: In früheren Zeiten wurde das „Trockenwohnen" heimatlosen Siedlern überlassen, die von Asthma, Gicht und Rheuma geplagt von Neubau zu Neubau zogen.
Holzfachwerkhäuser, die in wenigen Tagen in Trockenbauweise errichtet und aus offenporigen Materialien und kontrolliert trockenem Holz hergestellt werden, sind dagegen sofort nach Fertigstellung bedenkenlos zu beziehen, sofern das Holz ohne dichte Kunststofffolien und Plastikanstriche verarbeitet wurde.
Der darunter liegende Betonkeller kann allerdings während bis zu fünf Jahren Belastungen durch Baufeuchte verursachen. Eine klare Trennung zwischen Wohnbereich und Keller, aber auch ein erst später in Angriff genommener Innenausbau ist angebracht. Keinesfalls sollten feuchte Wände mit biologischen Pflanzenfarben ohne Konservierungsmittel überstrichen werden. Derartige Anstriche neigen schon nach wenigen Tagen Feuchteeinwirkung zu Pilzbefall.
Entgegen der Darstellung mancher Ziegelhersteller ist man sich unter den Experten der Bauphysik weitgehend einig: Außenwände mit hoher Wärmespeicherfähigkeit haben in der heutigen Zeit ihre Bedeutung verloren. Häuser mit massiven, dicken Wänden und damit verbunden mit großer Wärmespeicherfähigkeit hatten damals, zur Zeit der unvergleichlich schlechteren Regelbarkeit der Einzelofenheizung, klare Vorteile. Eine Überheizung konnte durch die Wärmeaufnahme der Speichermassen in Grenzen gehalten werden, und nach Verlöschen des Ofenfeuers wurde die Wärme wieder an den Raum zurückgegeben. Die raumklimatischen Verhältnisse waren dabei aber nicht vergleichbar mit denen, die heute gefordert und als selbstverständlich angenommen werden.
Besonders bei der Verwendung von großen Glasflächen mit Ausrichtung nach Süden, Südwesten oder Südosten kann es in Verbindung mit

wärmespeichernden Baustoffen sogar zu erheblich nachteiligen, unangenehmen sommerlichen Überwärmungen innerhalb des Hauses kommen. Tatsache ist jedenfalls: Bei Untersuchungen der Temperaturverhältnisse unter sommerlichen Bedingungen in Wohngebäuden schwerer (Mauerwerk) und leichter (Holzhaus) Bauart konnten keine wesentlichen Unterschiede festgestellt werden (Dr.-Ing. Helmut Künzel, Fraunhofer-Institut). Zusätzlich wird von der gleichen neutralen Stelle entgegen den Behauptungen in Publikationen von Massivbaufirmen klar dargelegt, dass der Einfluss der Wärmespeicherfähigkeit der Außenwände auf den Heizenergieverbrauch gering sei. Generell kommt es bei derartigen Betrachtungen auf die Wärmespeicherfähigkeit der innen liegenden Bauteile an (Gesundes Wohnen, Beton Verlag, Düsseldorf).
Klar bestätigt sich demnach auch heute: Die besten Voraussetzungen für ein energiebewusstes, behagliches und gesundes Leben innerhalb der eigenen vier Wände erreicht man am sichersten durch die bewusste Anwendung beider Baustoffe: gut dämmende, offenporige, körpertemperaturneutrale Außenwände aus trockenem Holzfachwerk, so verarbeitet, dass möglichst wenig Fremdstoffe wie Formaldehyd, Feinstfasern und Radioaktivität an die Raumluft abgegeben werden, und Vollziegelsteine, zu gemauerten Öfen, Stiegen oder Innenwänden geformt, mit nicht mehr Speichermasse ausgeführt als man benötigt, um die Kühle der Sommernacht bis in die Abendstunden des nächsten Tages zu speichern.

STÖRZONEN, WASSERADERN UND ANDERE IRRITIERENDE FAKTOREN

Selbst der ehemalige österreichische Ärztekammerpräsident Dr. Friedrich Piaty blieb davon nicht verschont: Als Patient der Chirurgie in Graz war er zunächst in einem Betonsilo untergebracht und hatte dort mit schweren Schlafstörungen zu kämpfen. Nachdem der rekonvaleszente Doktor in ein um die Jahrhundertwende erbautes Steinhaus übergewechselt hatte, schlief er wie ein Bär. Damals erkannte er: „Wohnen zwischen Eisenbeton kann nicht gesund sein."

Des Primarius Ahnungen sind seit geraumer Zeit Gegenstand von wissenschaftlichen Untersuchungen, die eine Schar von Physikern, Medizinern, Geologen und Architekten im In- und Ausland durchführt. Besonders die Gigantomanie der Städteplaner mit ihren Betonsilos am Stadtrand steht seit mehr als einem Jahrzehnt permanent im Kreuzfeuer der Verfechter einer gesunden Lebensweise.

Denn im Hochhaus blühen die Neurosen.

So haben Psychologen festgestellt, dass die Häufigkeit von Neurosen und Entwicklungsstörungen von Kindern, die in Hochhäusern leben, steil ansteigt – und zwar parallel zur Höhe des Stockwerkes. Frauen, die in den oberen Etagen von Hochhäusern leben, sind doppelt so oft krank wie jene im Erdgeschoss.

Nach den Experten, die der Meinung sind, solo im Silo mache krank, haben sich in jüngster Vergangenheit auch Wissenschaftler etabliert, die weitere Störfaktoren für echtes Wohnbehagen ausfindig machten: Geobiologen und Biophysiker wollen festgestellt haben, dass die natürlichen Strahlungsfelder – aus dem Kosmos oder aus der Erde – bei längerem Einwirken auf den menschlichen Organismus Störungen bis hin zu Krebs hervorrufen können. Besonders dort, wo sie in konzentrierter Form auftreten, können auch Schlafstörungen, Müdigkeit, Abgeschlagenheit, aber auch vegetative Erkrankungen wie Herz-Kreislauf-Probleme die Folge sein.

Sie berufen sich dabei auf unsere Ahnen: Denn Jahrhunderte hindurch war es auch eine Aufgabe der Baumeister, den Grund und Boden der künftigen Bauwerke mit der Wünschelrute auf unterirdische Wasserläufe und geologische Brüche hin zu untersuchen. Erst in unserer materialistischen Zeit, die Behausungen nach Grundsätzen technischer Perfektion und rationeller Fertigung erstellt, wird, so die Geobiologen, dieser Erfahrungsschatz ignoriert.

Für die westliche Welt neu ist auch die 4.000 Jahre alte Kunst des chinesischen „Feng Shui" ➟ Seite 57 ff., eine Lehre, die in buddhistischen Klöstern entwickelt wurde und die in Häusern und Wohnungen eine Harmonie zwischen dem Menschen und seiner Umgebung herstellen will.

Diese Erkenntnisse möchten nicht wenige Hausbauer umsetzen, um danach einen Wohnsitz zu haben, dessen Bewohner ruhig und ausgeglichen sind und deren Kinder kräftig und ohne Krankheiten aufwachsen.

Allerdings: Dazu brauchen sie einen prallen Geldbeutel. Denn immer noch ist das biologische oder naturnahe Haus teurer als das herkömmliche in gleicher Ausstattung und mit gleicher Nutzfläche.

„Naturintegriertes Wohnen" ist aber nicht allein von den verwendeten Baustoffen abhängig, sondern beginnt schon bei der Wahl des Grundstücks: Hochspannungsleitungen, Trafostationen und Rundfunksender in unmittelbarer Nähe sind verpönt. Und für das Aufspüren von geopathischen Störzonen (unterirdische Wasseradern oder Erdstrahlen) soll, noch vor der Planerstellung, ein Wünschelrutengänger zu Rate gezogen werden.

So unterscheiden Sie professionelle Radiästheten von Scharlatanen

- Ein wahrer Experte nimmt sich für den Job Zeit. Um einen durchschnittlichen Baugrund auszumessen, braucht er etwa zwei bis zweieinhalb Stunden. Mit einer Wohnung oder einem ganzen Haus wird er unter vier Stunden nicht fertig. Wünschelrutengänger, die schon nach 20 Minuten alles wissen, können Sie vergessen. Und immer mehr Experten suchen statt Wasseradern so genannte „gute Plätze".
- Die Arbeit mit der Rute kostet Kraft. Profis legen dementsprechend Pausen ein, um sich zu entspannen. Wer sich nicht sichtbar anstrengt, nimmt seine Aufgabe wahrscheinlich nicht ganz ernst. Alte Hasen auf dem Gebiet der Radiästhesie vermeiden die „Hoppla jetzt komm ich"-Methode. Sie reden zuerst mit dem Auftraggeber, fragen nach, was überprüft werden soll, und gehen systematisch vor. Wer mit der Wünschelrute in der Hand wie ein Verrückter über das Grundstück läuft, hat vermutlich noch nicht den rechten Zugang zum Handwerk gefunden.

- Besonders Fortschrittliche nehmen auch physikalische oder elektronische Messgeräte zur Hand. Das muss nicht unbedingt Misstrauen erwecken, spart doch die Technik Kraft und Substanz, die der Sucher dann in jenen Bereichen einsetzen kann, wo Messgeräte nicht reichen.
- Wünschelrutengänger, die nach erfolgter Untersuchung sündteure Abschirmgeräte anpreisen, sind zwar mit Vorsicht zu genießen, müssen aber keine Schwindler sein. Die Diagnose kann dennoch zutreffen, eine Probezeit, ohne den vollen Preis zu bezahlen, ist auf jeden Fall drin.

Wo professionelle Wünschelrutengänger zu finden sind

- *Österreich*
  Verband für Radiästhesie und Geobiologie
  Florianigasse 43, 1080 Wien
  Tel./Fax: 0043/1/408 18 83
- *Deutschland*
  Internationaler Arbeitskreis für Geobiologie
  Nonnenpfad 37
  D-60599 Frankfurt/Main
  Tel.: 0049/69/65 43 84
  Fax: 0049/69/65 43 84-55
- *Schweiz*
  Schweizerischer Verband für Radiästhesie SVR
  Hermenweg 3
  CH-5702 Niederlenz
  Tel.: 0041/62/891 11 84

Erst nach dem Erstellen eines genauen Lageplans der Störzonen kann dann der künftige Bio-Hausbesitzer darangehen, den Keller zu errichten, der wiederum biologisch einwandfrei ausgeführt werden muss. Kalksteinplatten, Bitumenpappe, Gussasphalt, Tonplatten und keramische Fliesen sind nach Ansicht von Experten der ideale Schutz gegen Störzonen jeglicher Art.

Literatur zum Thema

Käthe Bachler: Der gute Platz. Veritas Verlag, Linz 1995

Tom Graves: Pendel und Wünschelrute. Goldmann Verlag, München 1995

Willi H. Grün: Erdstrahlen. Ullstein Verlag, München 1986

Nigel Pennick: Das kleine Handbuch der angewandten Geomantie. Wie wir heute Landschaft und Siedlung wieder in Einklang bringen können. Lentz Verlag, München 1985

FENG SHUI – DIE NEUE, ALTE LEHRE

Feng Shui*, die 4.000 Jahre alte fernöstliche Wohnlehre, hat seit ein paar Jahren auch in Europa seine Adepten gewonnen, zahlreiche Institute und ausgebildete Berater stehen bereit Wohnungen, Geschäfte oder Büros auf blockierte Energie, die Gesundheit und Erfolg behindert, zu untersuchen.
Für den österreichischen Feng-Shui-Experten Gerhard P. Kirchmair aus Wien gibt es keinen Zweifel: „Es funktioniert – auch wenn Sie nicht daran glauben."
Was für eingefleischte Skeptiker nicht einfach ist, denn Feng Shui, so ein Prospekttext des Experten, verspricht: „Gesundheit, Harmonie, Lebensfreude und Erfolg werden durch die richtige Wahl und Gestaltung von Wohn- und Geschäftsräumen enorm verbessert." Und dies alles, weil „jahrtausendealtes chinesisches Wissen, verbunden mit altem Wissen aus unserem Kulturkreis und adaptiert für die heutige Zeit, zu einem mächtigen Werkzeug wird".
Wie mächtig, wird in Talkshows, Veranstaltungen, Zeitschriften und Büchern seit geraumer Zeit abgehandelt: So wird der wirtschaftliche Misserfolg eines Geschäfts für Porzellanwaren einer Straßenlaterne vor dem Eingang angelastet, der Erfolg eines Kieferorthopäden der Feng-Shui-gerechten Einrichtung seiner Praxis – klassische Musik, plätschernder Brunnen und versteinerte Baumscheibe – zugeschrieben; und für Kopfschmerzen, Migräneattacken und mangelnden Drive eines Bankmanagers wird der Blick aus dem Fenster auf einen spitzen Giebel einer Konkurrenzbank, verschärft durch Sitzen mit dem Rücken zur Tür, verantwortlich gemacht. Auf der anderen Seite würde kein chinesischer Gastronom ein China-Restaurant betreiben wollen, in dem nicht wenigstens ein Aquarium mit neun (einer Glückszahl) Fischen steht.
Fernöstliche Wissenschaft, hoffnungsfroher Aberglaube, mystische Zauberei oder althergebrachte Binsenweisheiten? „Natürlich auch Binsenweisheiten", so Günther Sator, Inhaber der Feng Shui Academy in

* Feng bedeutet in etwa Wind, aber auch Sauerstoff, Atmosphäre, Stimmung, Schwingung; Shui wird mit Wasser, Wasseradern, anderen geopathischen Störfeldern, aber in der westlichen, hoch technisierten Welt auch mit Elektrosmog in Verbindung gebracht.

Mondsee und vor 15 Jahren einer der ersten Feng-Shui-Praktiker in Österreich. Denn für ihn ist es nicht damit getan, dass irgendwo und irgendwie Spiegel oder Windspiele aufgehängt werden, sondern das jeweilige Problem muss „individueller und mit einem ganzheitlichen System“ gelöst werden.
Und das Problem liegt darin, so die herkömmliche Feng-Shui-Lehre, dass die universelle Lebenskraft, das so genannte „Qi“, das im Körper und in der Umgebung des Menschen fließen soll, durch moderne Bauweise mit Beton, Stahl und Glas, aber auch schon durch die Wahl des falschen Bauplatzes und dessen ungünstige Formen gestört und gehemmt wird. Wasili Pantazoglou, Inhaber des „Zentrums für Wohn- und Lebensqualität“ in Riederau am Ammersee: „Dadurch blockieren wir 80 Prozent der kosmischen Lebensenergie, die sich aus Qi (weiblich) und Sauerstoff (männlich) zusammensetzt. Die Auswirkungen zeigen sich vor allem in den Organen Niere und Leber, was eine niedrige Vitalität, hohe Müdigkeit und geringen ‚Sexdrive‘ bedeutet, meist einhergehend mit Gereiztheit und Anspannung.“
Ziel von Feng Shui ist es nun, die positive Energie in einem Wohnraum/einem Geschäft zu verstärken, störende Einflüsse fern zu halten und – nach dem Prinzip von Yin und Yang – ausgleichend zu wirken.
Wurde in China ein Haus gebaut, so wurde früher (und wird auch heute noch bzw. wieder) ein Feng-Shui-Kundiger gerufen, der den günstigsten Standort für das Gebäude und seine optimale Ausrichtung in der Landschaft bestimmte. Außerdem wurde gleichzeitig die beste Nutzungsmöglichkeit für die einzelnen Zimmer festgelegt. So hoffte – und hofft – man für sich und seine Nachkommen das günstigste Schicksal zu ermöglichen. Das gilt sowohl für beruflichen Erfolg wie auch für eine gute Ehe, wohlgeratene Nachkommen, Schutz vor Krankheit und vieles mehr.
Der deutsche Feng-Shui-Experte Jürgen Schnitzler dazu: „Man kann also die Feng-Shui-Kundigen in etwa mit den hiesigen Baubiologen oder Rutengängern vergleichen, obwohl die Art und Weise der Ausübung ihrer Kunst nochmals erheblich von deren Methoden abweicht. Somit ist Feng Shui eigentlich – mehr oder weniger – ein Zweig der chinesischen Medizin; man könnte auch sagen: Feng Shui ist angewandte chinesische Medizin – in Bezug auf Architektur, Innenarchitektur und Landschaftsgestaltung.“
Allerdings, so Günther Sator, der sein Handwerk in Neuseeland und anschließend bei zahllosen Feng-Shui-Kapazitäten der Welt erlernt hat, ist das klassische Feng Shui der Chinesen „hinterwäldlerisch und auf

Aberglauben basierend". Im Westen – und hier speziell in Europa – benötige man ein modernes, auf hiesige Einflüsse zugeschnittenes Feng Shui, denn „sonst sieht jede Wohnung oder Bank wie ein China-Restaurant aus".
Ungeachtet dessen wollen seit etwa zwei, drei Jahren zunehmend mehr Leute auf die alte Lehre zurückgreifen, seien es nun chinesische Firmen, die sich im Westen ihre Büros nach guter alter Manier gestalten lassen wollen, Haus- oder Wohnungsbewohner, die sich mit unerklärlichen Beschwerden herumplagen müssen und vom Baubiologen bis zum Neurologen schon alles probiert haben, oder die Jünger von Tai Chi und Qi Gong, die ihre Wohnmeridiane in Einklang bringen lassen möchten.

Wie funktioniert eine Feng-Shui-Beratung?

Dank der Nachfrage hat sich daher auch schon eine kleine Szene von Beratern und Ausbildnern in Österreich, Deutschland und der Schweiz gebildet, die zumeist vom Schnupperkurs über Seminare und Ausbildung bis hin zum Verkauf des benötigten Geräts alles anbieten, was künftige Feng-Shui-Adepten benötigen.
Denn seriöse Feng-Shui-Beratung beginnt vorerst mit der Suche und Untersuchung von natürlichen und künstlichen Störfeldern und Reizzonen (elektromagnetische Felder, Feldstärken, radioaktive Belastung, geopathische Störzonen, Wasseradern etc.). Und danach – ausgerüstet mit Grundrissplan und Geburtsdaten der Bewohner – werden die entsprechenden Berechnungen angestellt.
Auf den Grundlagen von Yin und Yang, den acht Himmelsrichtungen, den fünf Elementen Feuer, Wasser, Erde, Metall und Holz und dem so genannten Bagua (einem Raster mit neun Zonen, der über den Grundriss des Objekts gelegt wird) erarbeitet der Feng-Shui-Berater dann die Stärken und Schwächen des Hauses oder des Arbeitsplatzes. Im Schnitt dauert eine derartige Beratung zwischen vier und acht Stunden, praktische Verbesserungslösungen werden an Ort und Stelle angeboten.
Geheilt und verbessert wird die „kranke" Heimstätte dann mit Hilfe von Spiegeln, Windspielen, Fächern, Flöten, Paravents, Edelsteinen und Mineralien, deren fachgerechte Platzierung die Energie in die richtige Richtung leitet.
Bei Wasili Pantazoglou in München kostet der Beratungs-Quadratmeter für den Privatbereich zehn, im Geschäftsbereich 15 DM, Kollege Kirchmair in Wien nimmt für den Quadratmeter 88 Schilling.

Sator: „Das sind durchaus marktübliche Preise. Zu warnen ist vor jenen Leuten, die das Geschäft etwas halbseiden betreiben und nach zwei Wochenendkursen schon als Berater auftreten."

Feng-Shui-Regeln für das Haus

Wie sieht nun die Praxis von modernem, zeitgemäßem Feng Shui aus? Wasili Pantazoglou leitet das „Zentrum für Wohn- und Lebensqualität" in München. Über die traditionelle chinesische Medizin, mit Schwerpunkt Ernährung, kam er zu Feng Shui. Seit mehreren Jahren führt er Beratungen durch und hält als anerkannter Berater des „Qi Mag International Feng Shui & Geobiology Institute" Vorträge, Workshops und Seminare ab. Er hat Tipps und Hilfsmittel zusammengefasst, die aufzeigen, wie man sein Heim energetisch auf Vordermann bringen kann, auch wenn einem manchmal durch die Bauweise der Wohnungen und Häuser einige Herausforderungen gestellt werden. An dieser Stelle sei ihm für die Genehmigung, diese Tipps hier abzudrucken, gedankt.

Tipps für das Feng-Shui-gerechte Bauen und Einrichten

- Gegenüber der Eingangstüre sollte sich kein Spiegel befinden, es sei denn, man blickt auf die Bad- oder WC-Türe.
- Zu viel Blau in der Küche sollten Sie vermeiden. „Wasser" steht im Konflikt mit dem Feueraspekt der Küche. Neben dem Herd sollte weder Spüle noch Kühlschrank, noch Geschirrspüler platziert sein.
- Für das Bad sollte ein Übermaß an Rot vermieden werden. Auch hier stehen wieder „Wasser" und „Feuer" im Konflikt.
- Sowohl für das Wohn- wie auch das Arbeitszimmer gilt:
  Sie müssen die Türe im Blickfeld haben. Also kein Schreibtisch vor dem Fenster mit Blick ins Grüne und die Türe im Rücken! Das schwächt Sie und lenkt Sie zu sehr von der Arbeit ab. Vermeiden Sie auch in der direkten Tür-Fenster-Linie zu sitzen.
- Genau das Gegenteil gilt für das Schlafzimmer. Hier sollen Sie die Türe nicht sehen, damit Sie ruhig und entspannt schlafen können. Manchmal muss mit Paravents gearbeitet werden.
- Ein Paravent, sofern er stabil gebaut ist, lenkt auch die Energie um, sodass er eingesetzt werden kann, um ein Fenster zu „blockieren" bzw. die Energie im Raum zu lenken.
- Schlafen Sie nicht mit dem Kopf zum Bad hin und liegen Sie nicht an einer Außenmauer. Vermeiden Sie jede Art von Störungen: Ein

Schlafzimmer ist kein Videozimmer, keine Bibliothek und kein botanischer Garten!

- Vermeiden Sie beim Kinderzimmer Hochbetten; die Kinder haben dort keine „Erdung“ und können nicht gut schlafen.
- Wenn Sie die Möglichkeit haben die einzelnen Bereiche nach Belieben zu gruppieren, so achten Sie darauf, dass die Aktivitätsbereiche wie Küche, Wohnzimmer und Arbeitsraum (Yang-Bereich) vom Schlafbereich (Yin-Bereich) getrennt sind. Bei einem Haus ist das relativ einfach, da die Schlafzimmer meist im ersten Stock liegen, während sich das Leben im Erdgeschoss abspielt. Bei größeren Wohnungen kann man mit einer Links-rechts-Aufteilung arbeiten oder mit einer Vorne-hinten-Aufteilung.
- Befindet sich gegenüber der Eingangstüre ein großes Fenster oder die Türe zur Terrasse, so haben Sie einen richtigen „Feng-Shui-Durchfall“, den Sie aber mit einem großen Windspiel oder Paravent „kurieren“ können.
- Ist im Eingangsbereich die Gästetoilette untergebracht, so können Sie mit einem Spiegel an der Türinnenseite verhindern, dass die schlechte Energie durchs ganze Haus „weht“.

Die Hilfsmittel des Feng Shui

Häuser und Wohnungen mit vielen Fenstern sind zwar freundlich und schön hell, aber die kosmische Energie entweicht sofort. Mit Windspielen, Bergkristallen, Flöten und Paravents kann jedoch der nötige Rückhalt geschaffen werden, um Gesundheit, Erfolg und Reichtum zu bewahren.

Windspiele

Eines der bekanntesten Hilfsmittel des Feng Shui ist das Windspiel. Es „blockiert“ Fenster, das heißt, es hindert die Energie daran, sofort zu entweichen, sodass sie, durch andere Maßnahmen (z. B. Flöten oder Springbrunnen) unterstützt, mehrmals harmonisch im Raum kreisen kann.

Wichtig dabei ist, dass das Windspiel einen angenehmen Klang hat, mindestens fünf Rohre besitzt, wobei bei Hohlrohren das längste Rohr 30 cm, bei Vollmetallrohren 15 cm Länge haben soll, um ca. einen Quadratmeter Glas zu „blockieren“.

- Direkt unter der Decke angebrachte kleine Windspiele verteilen die

Energie, so z. B. in einem Vorraum, von dem aus mehrere Zimmer weggehen.

- Sollten Sie in Ihrem Laden an der Eingangstüre ein Windspiel angebracht haben, um zu hören, wenn ein Kunde kommt: Entfernen Sie es sofort. Denn so ein Windspiel stört die Geschäfte.

Bergkristalle

- Als Alternative zu Windspielen können Sie auch mit Bergkristallen arbeiten, die Sie aufs Fensterbrett legen oder in das Fenster hängen. Durchbohren Sie dabei nie den Bergkristall, er würde seine Wirkung verlieren.
- Mit Bergkristallen können Sie auch die negative Abstrahlung von Elektrogeräten und Steckdosen neutralisieren. Achten Sie darauf, dass die aggressiven Spitzen des Kristalls nicht auf Sie gerichtet sind, sondern z. B. gegen den Computer.
- Am besten sind Kristalle in runder Form und ab einer gewissen Größe. Lassen Sie sich beim Kauf auch fachkundig beraten, denn Glas- oder Bleikristallkugeln nützen nichts!
- Bedenken Sie auch, dass die Kristalle regelmäßig gereinigt werden müssen, vor allem dann, wenn Sie sie im Brust- und Beckenbereich unters Bett legen, um die Auswirkungen von geopathischen Störfeldern zu neutralisieren.

Pflanzen

- Mit Pflanzen im Fenster kann die Energie auch etwas „blockiert" werden, doch sollte bei größeren Fensterfronten immer noch mit Windspielen oder Kristallen gearbeitet werden.
- Eine Pflanze im Schlafzimmer mit einer maximalen Höhe von einem Meter entzieht nicht nur dem Raum, sondern auch dem Körper Toxine. Die Pflanze sollte einigen Abstand zu dem Schlafenden und keine spitzen Blätter haben. Überhaupt sind Pflanzen mit scharfen, spitzen Blättern zu meiden. Sie attackieren und schwächen das Immunsystem.
- Wichtig ist auch, dass Sie nicht in einem Urwald schlafen. Sie kämpfen in der Nacht mit den Pflanzen um Sauerstoff, was Sie auf Dauer erschöpft.
- Pflanzen mit Wurzeln haben mehr Energie als Schnittblumen und ein bunter Blumenstrauß mehr als ein einfacher Strauß. Oder warum bringt man Kranken Blumen mit? Doch wohl, um den Genesungsprozess zu beschleunigen.

- Sogar Seidenblumen heben die Energie im Raum; sie sind besonders in Räumen ohne Fenster zu empfehlen.

Springbrunnen

Springbrunnen, Aquarien und auch ganz spezielle Wasserfallposter ziehen kosmisches Qi an und erhöhen somit die Raumenergie. Diese Hilfsmittel, im Eingangsbereich angebracht, ziehen Reichtum an, da Wasser für Reichtum steht.

- Im Schlafzimmer sind Springbrunnen nicht zu empfehlen, da die Energie zu hoch wird. Auch Menschen, die unter dem Element Feuer geboren sind, sollten aufpassen, denn „Wasser löscht Feuer". Ein „Sicherheitsabstand" von drei Metern genügt. Dann hat man keine Probleme mit diesen Hilfsmitteln.

Flöten

- Flöten ziehen Energie an und leiten sie auch. Zwei Flöten über dem Bett angebracht sorgen für einen harmonischen Schlaf, vor allem dann, wenn Sie folgende Punkte beachten: Die Mundstücke sind nach oben gerichtet und ca. 20 cm voneinander entfernt. Die Höhe vom Boden zum Flötenende beträgt ca. 150 cm und die Enden dürfen nicht auf die Schlafenden gerichtet sein. Durch diese Schrägstellung geht die Energie sanft auf die Schlafenden nieder. Die maximale Länge der Flöten beträgt 60 cm. Ansonsten gibt es wenig Schlaf und turbulente Nächte.
- Sie können Flöten auch benutzen, um die Energie in die oberen oder unteren Stockwerke zu leiten. Dabei muss das Mundstück dann so platziert sein, als ob man die Energie nach oben oder unten blasen würde. Auch über dem Eingang oder an der Wand hinter dem Schreibtischstuhl angebracht ziehen Flöten kosmisches Qi an.
- Leben Sie in einem Haus mit Spitzdach, so helfen Flöten, im Abstand von jeweils zwei Metern mit Mundstück nach oben am Dachbalken angebracht, die Energie im Haus zu halten. Auch Feuchtigkeit im Keller verschwindet mit der Zeit.
- Wichtig ist, dass die Löcher der Flöten zu sehen sind und die Flöten nicht durch Nägel beschädigt werden.

Fächer

Fächer leiten die Energie und sind in kleineren Wohnungen mit Vorsicht zu genießen. Mit den Lamellen nach oben gerichtet verursachen sie

Turbulenzen im Kopfbereich, nach unten gerichtet wirbeln sie in der Tat Staub auf. Menschen mit Lungen- und Bronchienproblemen würden das extrem spüren.

- Sie sollten Fächer nur dann verwenden, wenn es darum geht, die Energie nach oben oder unten zu lenken oder bei einem sehr langen Flur, der z. B. um die Ecke geht.
- Verwenden Sie Fächer, Flöten und Springbrunnen nie in Fensternähe. Sie würden die Energie beschleunigt nach außen treiben!

Spiegel

Spiegel haben mehrere Funktionen: Sie blocken, sie lenken und leiten und sie absorbieren.

- Wenn Sie den Spiegel so aufstellen, dass er ein Blumenmeer von draußen nach drinnen holt, also eine Art Poster bildet, so erhöht sich dadurch die Energie im Raum. Im Winter müssten Sie ihn dann wegstellen, da blätterlose Äste Vergänglichkeit symbolisieren und nichts im Raum zu suchen haben.
- Wenn Sie beim Öffnen der Wohnungstüre direkt auf die Bad- oder Toilettentüre blicken, so sollten Sie einen Spiegel an dieser Türe anbringen. Wichtig dabei: Für jeden Meter Abstand von der Wohnungs- zur Badtüre benötigen Sie 15 cm Spiegellänge.
- Haben Sie einen riesigen Spiegel gegenüber der Eingangstüre aufgehängt, hält das die kosmische Energie davon ab hereinzukommen.
- Schlafen Sie mit dem Kopf an der Mauer zum Badezimmer hin, so hilft ein Spiegel, dessen Spiegelfläche zur Wand gerichtet ist, gegen diese künstliche Wasserader. Ansonsten hat ein Spiegel im Schlafzimmer nichts zu suchen.
- Spiegelschränke und große Spiegel erzeugen so viel Turbulenzen, dass mit einem erholsamen Schlaf nicht zu rechnen ist.
- Mit kleinen Vergrößerungsspiegeln neutralisieren Sie die negative Auswirkung von Laternenpfählen, Baumstämmen etc., vor allem vor der Eingangstüre. Innen oder außen so angebracht, dass der Spiegelstrahl kurz vor dem Pfahl oder Stamm auf dem Boden auftrifft, ermöglicht er den ungehinderten Fluss der Energie. Sonst würden nur 40 Prozent der Energie hineingelangen, was sich vor allem bei einem Geschäft katastrophal auswirken kann.
- Mit etwas größeren Parabolspiegeln können Sie die Auswirkung von Strommasten und Überlandleitungen entschärfen, doch sollte man

grundsätzlich mindestens 150 Meter, besser noch 300 Meter von einer Überlandleitung entfernt wohnen.

- Führt eine Stromleitung über Ihr Haus, so helfen große, runde Bergkristalle, die entlang dem Verlauf der Leitung unter dem Dach angebracht sind. Regel: nach jedem Meter ein Bergkristall.
- Von Bahngeleisen sollten Sie 150 Meter entfernt sein, von Transformatoren ebenso und von Funkmasten sogar zwei Kilometer.
- Scharfe Ecken und Kanten sollten Sie mit Bändern, Girlanden oder Blumen entschärfen. Auch sie schwächen das Immunsystem, sofern die Kante auf Sie gerichtet ist, z. B. am Arbeitsplatz.
- Noch ein Tipp zum Schluss: Bringen Sie nicht zu viele Maßnahmen auf einmal an, vor allem nicht Flöten und Springbrunnen gleichzeitig. Lassen Sie ruhig ein paar Tage dazwischen vergehen, sonst ist zu viel Energie auf einmal im Raum und Sie könnten Schlafstörungen bekommen.

Literatur zum Thema

Thomas Fröhling, Katrin Martin: Wohnen mit Feng Shui – Mehr Harmonie, Gesundheit und Erfolg durch gezieltes Einrichten und Gestalten. Mosaik Verlag, München 1997

Kam Chuen Lam: Das Feng-Shui-Handbuch – Wie Sie Ihre Wohn- und Arbeitssituation verbessern. Joy-Verlag, Sulzberg 1996

Yes Lim: Feng Shui und Gesundheit. Vital leben in Haus und Wohnung. Joy-Verlag, Sulzberg 1997

Hermann Meyer, Günther Sator: Besser leben mit Feng Shui. Wohnen und Arbeiten in Harmonie. Irisiana Verlag, München 1997

Sarah Rossbach: Feng Shui – die chinesische Kunst des gesunden Wohnens. Droemer-Knaur, München 1993

Lilian Too: Das große Buch des Feng Shui – Die chinesische Kunst der Raumgestaltung für Erfolg, Gesundheit und harmonisches Leben. Delphi bei Droemer-Knaur, München 1997

Derek Walters: Das Feng-Shui-Praxisbuch – besser wohnen, gesünder leben, erfolgreicher arbeiten. O. W. Barth Verlag, Bern

Philippa Waring: Vom richtigen Wohnen – In Harmonie leben mit Feng Shui. Hugendubel München

Feng-Shui-Adressen

Österreich

Gerhard P. Kirchmair
Feng-Shui-Experte
Hütteldorfer Straße 197/19
A-1140 Wien
Tel./Fax: 0043/1/911 49 94

Feng-Shui-Academy
Günther Sator
Atterseestraße 4
A-5310 Mondsee/OÖ
Tel. 0043/6232/48 13 40

Ing. Werner Pötsch
Vibration Control
Gudrunstraße 114
A-1100 Wien
Tel./Fax: 0043/1/603 37 66

Ing. Gerhard. Bauer
Feng-Shui-Experte
Wiener Straße 46
A-2500 Baden
Tel. 0043/2252/223 67

Wege zum Licht
Stefan Weindl
R.-Buchinger-Str. 34a
A-3440 Tulln
Tel./Fax: 0043/2272/637 59

Arch. DI Georg Thurn-Valsassina
Rastenberg
A-3532 Rastenberg
Tel. 0043/2826/312, Fax: 0043/2826/31 26

Deutschland

Avicenna-Institut für traditionelle Naturheilkunde
Feng-Shui-Ausbildung
Im Kamperholz 5c
D-44805 Bochum
Tel./Fax: 0049/234/923 00 21

Bernhard Förster
Feng-Shui-Beratungen
Im Grünen Grunde 18
D-22337 Hamburg
Tel./Fax: 0049/40/59 04 22

Thomas Meyer
Feng-Shui-Beratung nach Qi-Mag
Brunnerstraße 1
D-85540 Haar
Tel./Fax: 0049/89/46 20 28 88

Feng Shui Institut Moogk
Berater & Meister Ausbildung
Annemarie-Großmann-Straße 18
D-65207 Wiesbaden
Tel.: 0049/611/50 16 66, Fax: 0049/611/50 15 89

Jürgen Schnitzler
Feng-Shui-Berater
Hindenburgstraße 35
D-41061 Mönchengladbach
Tel.: 0049/2161/20 74 47

Zentrum für Wohn- und Lebensqualität
Wasili Pantazoglou
Ringstraße 40 c
D-86911 Riederau am Ammersee
Tel.: 0049/8807/88 58
Fax: 0049/8807/88 73

DIE WEGE ZUM ENERGIESPAREN

Regelmäßig wie die Baukosten steigen auch die Preise für Energie. Egal ob es sich um Holz, Kohle, Gas, Strom oder Öl handelt, ob beim lokalen Kohlenhändler oder bei der Gemeinde gekauft wird, ob der Dollar fällt oder steigt – Energie wird teurer. Schon heute machen die Kosten, die Hausbesitzer oder Wohnungsmieter für Heizung und warmes Wasser ausgeben müssen, gut ein Drittel ihres Wohnungsaufwandes aus. Mit einer Steigerung ist auch weiterhin zu rechnen.
Energiesparen ➞ Seite 73 ff. ist deshalb in den letzten Jahren zum großen Hit avanciert. Der Staat fördert derartige Maßnahmen, die Industrie verdient daran. Und mit dem Versprechen, x Prozent an Kosten innerhalb kürzester Zeit einzusparen, bieten zahlreiche Firmen eine Vielzahl von Produkten an.
Das beginnt bei neuen Haustypen wie dem Nullenergiehaus, dem Niedrigenergiehaus ➞ Seite 70 ff. und dem Solarhaus, setzt sich fort bei Dämmstoffen und Isolierschaumstreifen sowie Thermo- und Isolierglasfenstern und endet bei Solarkollektoren ➞ Seite 79 ff. und Wärmepumpen ➞ Seite 81.
Der ahnungslose Bauherr, Hausbesitzer oder Wohnungsinhaber, dem die Heizkosten bereits über den Kopf wachsen, steht diesem breiten Angebot nahezu hilflos gegenüber und meist stellt sich erst nach der Anschaffung der Energiesparer heraus, dass die Investitionskosten in keinem Verhältnis zur Ersparnis stehen und eine Amortisation erst nach 97 Jahren eintritt.
Deshalb gilt als Grundregel für derartige Investitionen, dass ein Kapitalrückfluss – mit Einrechnung der steuerlichen Vorteile – von zwei bis sechs Jahren optimal ist, sieben bis zehn Jahre werden bei größeren Investitionen gerade noch als akzeptabel angesehen. Alles, was darüber liegt, kann man – auf Basis der heutigen Preise – vergessen. Erst wenn der Viertelliter Heizöl dasselbe kostet wie ein Viertel Wein im Gasthaus, sollte man weiterrechnen.

Das Niedrigenergiehaus

Obwohl alternatives Bauen seit den Fünfzigerjahren fallweise praktiziert wird und die Haustypen, die minimale Energiemengen verbrauchen, besonders während der Ölkrisen in den Siebzigerjahren allerhöchste Aktualität erlangten, sind heutzutage Häuser, die besser gedämmt sind (als die Bauordnung vorschreibt) oder mit alternativen Energien versorgt werden, rar.
Vor allem solche Projekte sind selten, bei denen nicht nur einzelne Energiesparmaßnahmen durchgezogen worden sind, sondern die auch ein durchgängiges Konzept aufweisen, das tatsächlich in absehbarer Zeit Einsparungen bringt. Potentielle Hausbauer, die solche Konzepte in ihrem Haus verwirklichen wollen, stoßen ständig auf widersprüchliche Meinungen der so genannten Experten. Hat der eine sein Heim so abgedämmt, dass Frischluft nur mehr durch das Schlüsselloch eindringt, gibt es wiederum andere, die Dämmungen und Dampfsperren aus Kunststoff verdammen.
Wer sein Haus mittels Sonnenkollektoren versorgt und das Regenwasser nutzt, wird von anderen wieder als unverbesserlicher Öko-Freak abgetan, der sein Geld verplempert.
Orientierung im Dschungel der Informationen um Niedrigenergiehäuser bietet der Schweizer Fachjournalist Othmar Humm, der in seinem Buch „Niedrigenergiehäuser – Innovative Bauweisen und neue Standards“ auf die „Notwendigkeit einer konzeptionellen Vorgehensweise“ drängt.
Humm: „Die Qualität von Niedrigenergiehäusern wird wesentlich bestimmt vom gewählten – und umgesetzten – Konzept. Wo die konzeptionellen Vorarbeiten fehlen, gerät das Objekt leicht zu einer Sammlung von Komponenten und Materialien ohne logischen Zusammenhang, sodass einzelne Maßnahmen oft miteinander sogar konkurrieren.
Ein häufiger Fehler beim Bau von Niedrigenergiehäusern liegt in der Überbetonung einzelner Technologien und in der Favorisierung bestimmter Materialien. Ein typisches Beispiel für diese Vorgehensweise sind Bauten mit überdimensionierten Solaranlagen und Speichern, weil das Planungsteam oder die Bauherrschaft auf Sonnenenergie fixiert ist. Sonne ja! Aber der solare Energiebeitrag muss präzise in das Energiekonzept des gesamten Gebäudes eingebunden sein.“

Die Regeln für die Niedrigenergie-Bauweise

- Wie auch anderswo gibt es hier unterschiedliche Definitionen, in der Regel aber sprechen die Fachleute von einem Niedrigenergiehaus, wenn der Gesamtenergieaufwand – sprich Heizung und Strom – gegenüber den wärmetechnischen Vorschriften der Bauordnung zumindest halbiert werden konnte.
- Eine konsequente Niedrigenergiehausplanung muss den Großraum um das Bauprojekt wie das Objekt selbst auf Energiesparmöglichkeiten untersuchen und auf Sparsamkeit hin optimieren.
- Wenn Sie ein Energiesparhaus planen, wählen Sie eine möglichst kompakte Bauform und sorgen Sie für hochwertige Dämmung der Außenwände, des Daches und der Kellerdecke. Sie müssen das Haus nicht neu erfinden, sondern stellen Sie es aus kostengünstig verfügbaren Teilen intelligent zusammen.
- Denken Sie aber daran: Je besser die Wärmedämmung und Dichtheit der Gebäudehülle ist, desto bedeutsamer wird die richtige Lüftung. Wird zu wenig gelüftet, sind gesundheitliche Beeinträchtigungen und bauliche Schäden die Folge, bei zu hohem Luftwechsel steigen die Lüftungswärmeverluste stark an.
- Viel Wärme und Energie geht auch durch undichte Fugen verloren. Achten Sie auf eine intakte Gebäudehülle, denn hier können auch Feuchteschäden auftreten.
- Planen Sie beim Haus die Sonnenenergie mit ein. Erhebliche Wärmegewinne sind über die Fensterflächen mit Wärmeschutzverglasung zu erzielen, wobei große Fenster nach Süden ausgerichtet sein sollten. Die beste, allerdings auch kostspieligste Variante ist die transparente Wärmedämmung. Tagsüber wird über eine tageslichtdurchlässige Dämmschicht eine massive Speicherwand aufgeheizt. Die Wärme wird zeitverzögert in den Abend- und Nachtstunden über die Wände an die Innenräume abgegeben. Allerdings muss in den Sommermonaten eine ausreichende Beschattung der Südräume möglich sein.
- Eine gute Möglichkeit Energie einzusparen ist eine Wohnungslüftung mit Wärmerückgewinnung ➟ Seite 128. Sie kann durch die beachtliche Wärmemenge, die aus der Abluft entzogen wird, die Heizung entlasten. Eine solche Anlage bringt gefilterte und durch einen Wärmeaustauscher vorgewärmte Außenluft in Wohn-, Schlaf- und Arbeitsräume und entzieht gleichzeitig die mit Feuchtigkeit und Gerüchen angereicherte “verbrauchte” Innenluft aus Küche, Bad und WC.
- Denken Sie bei der Deckung des Restwärmebedarfs zuerst an

Sonnenenergie ➟ Seite 79 f., an Holz oder an Umweltwärme. Die erneuerbaren Energieträger eignen sich vorzüglich für Niedrigenergiehäuser, weil der Energiebedarf gering ist und Sie dadurch mit kleinen Anlagen (Kollektoren, Wärmepumpen) bzw. geringen Brennstoffmengen (Holz) auskommen.

- Wenn Sie einen Wintergarten installieren, denken Sie daran, dass allein der Boden zu einer Energie-Absorberfläche werden kann. Und knapp zehn Tonnen Speichermasse im Wintergarten schaffen es schon, die Temperaturspitzen etwas abzuschwächen und machen diese Fläche für längere Zeit wohnraumtauglich.
- Denken Sie letztendlich daran, im Haushalt energiesparende Geräte einzusetzen und machen Sie sich klar, dass Geräte auch im Stand-by-Betrieb Strom fressen.

Literatur zum Thema

Die Arbeitsgemeinschaft Erneuerbare Energie (AEE) hält zu diesem Thema zahllose Bücher und Broschüren bereit. Bestellungen können unter Tel.: 0043/4242/232 24, Fax: 0043/4242/232 24-1, E-Mail: argeee-vi@net4you.co.at. erfolgen. Die Bücher sind jedoch auch in gut sortierten Buchhandlungen erhältlich.

Christopher Day: Bauen für die Seele. Ökobuch Vlg., Staufen 1995

Wolfgang Feist: Das Passivhaus. C. F. Müller, Heidelberg 1995

Wolfgang Feist: Das Niedrigenergiehaus. C. F. Müller, Heidelberg 1998

Häfele, Oed, Sabel: Hauserneuerung. Ökobuch Vlg., Staufen 1996

Othmar Humm: Niedrigenergiehäuser – Innovative Bauweisen und neue Standards. Ökobuch Vlg., Staufen Juni 1997

Horst Kleiner (Hrsg.): Ökologische Architektur – ein Wettbewerb. 40 ausgewählte Beispiele für umweltbewusstes Bauen – Wohnen – Leben. Callwey, München 1995

Heinz Ladener: Vom Altbau zum Niedrigenergiehaus. Ökobuch Vlg., Staufen, April 1997

Stahl, Goetzberger, Voss: Das energieautarke Solarhaus. C. F. Müller, Heidelberg 1997

Martin Treberspurg: Neues Bauen mit der Sonne – Ansätze zu einer klimagerechten Architektur. Springer-Verlag, Berlin 1997

Energiesparen im Haushalt

Energiesparen bedeutet nicht nur weniger Geld auszugeben, sondern auch die Umwelt zu schonen.

Vor allem der private Verbraucher – siehe die allerorten praktizierte Mülltrennung – hat sich den Umweltgedanken zu eigen gemacht, und begonnen wird damit zumeist im eigenen Haushalt. So liegt etwa der durchschnittliche Energieverbrauch im Haushalt bei folgenden Werten:

- je ein Prozent für Beleuchtung bzw. Radio/TV/Video/Heimcomputer;
- acht Prozent für elektrisch betriebene Haushaltsgeräte;
- zehn Prozent für die Warmwasseraufbereitung;
- 80 Prozent für die Raumheizung.

Was zur Folge hat, dass der Konsument zumeist energiesparende Geräte einsetzt, vom Bügeleisen über den Geschirrspüler bis zum Heizkessel. Potentielle Hausbauer interessieren sich besonders für Wärmedämmung, denn – so zumindest die Fachleute der Wärmedämmstoffindustrie – Wärmedämmung bringe durch die eingesparte Energie eine „Verzinsung" des eingesetzten Kapitals von 15 bis 20 Prozent.

Bevor potentielle Energiesparer darüber nachdenken, ob sie in ihrem Haus/ihrer Wohnung selbst Hand anlegen sollen, teure Handwerker beschäftigen oder sich umfangreiche Installationsarbeiten und neues Gerät leisten sollen, vorerst einige Überlegungen:

- Wissenschaftler haben festgestellt, dass die ideale Raumtemperatur für Erwachsene bei etwa 18 bis 20 Grad liegt. Steht die Wohnung mehrere Stunden leer – etwa während der Arbeitszeit außer Haus – genügen auch 15 Grad, um danach wieder rasch auf die behagliche Temperatur zu kommen.
- Moderne Fenster und Türen, aber auch die Dicht- und Dämmstoffe halten zumeist das, was sie versprechen – sie dichten perfekt. Wer es übertreibt, wird in Kürze merken, dass es zwar unerträglich heiß wird, von Behaglichkeit aber keine Rede mehr ist.
- Auch bei den angebotenen Dämmstoffen ist mit Augenmaß (und Hilfe des Fachmanns) vorzugehen. So ist es völlig sinnlos, sich bei Wand, Decke und Fußboden mit überdicken Matten einzubunkern, die Energieersparnis steht in keinem Verhältnis zum Preis. Abgesehen vom Verlust wertvoller Wohnraumquadratmeter.

Schwachstellen beseitigen

Fenster und Türen

Als ersten Schritt – egal ob in Haus oder Wohnung – empfehlen daher Fachleute, das Objekt auf Schwachstellen abzuklopfen und wo möglich selbst Hand anzulegen:

- Naturgemäß sind in alten Häusern und Wohnungen die Fugen an Fenstern und Türen die schwächsten Punkte. Benutzen Sie giftfreies Dichtungsmaterial, um hier Energie einzusparen.
- Noch einfacher ist es, die Rollläden herunterzulassen. Rollläden vor den Fenstern kosten Geld, aber sie bringen auch welches: Sie vergrößern nämlich den isolierenden Luftpolster und verringern dadurch die Wärmeverluste. Durch Schließen der Rollläden während der Nachtstunden können bis zu 15 Prozent Heizenergie eingespart werden. Voraussetzung dafür sind ein dichter Rollladen sowie ein wärmegedämmter Rollladenkasten.
- Besitzen Sie noch alte Holzfenster, dann verwenden Sie zum Abdichten von Fugen und Rissen Kunststofffolien mit selbst klebender Rückseite. Wo diese nicht mehr hält oder durch Risse und Unebenheiten Kunststofffolien nicht anzubringen sind, benutzen Sie eine Dichtungsmasse, die zwischen Rahmen und Flügel verlegt oder gespritzt wird. Bewährt haben sich auch Dichtungsbürsten oder Schwellendichtungen, die zwischen der Türe und dem Fußboden angebracht werden können.

Heizung

Als Verlustquelle für teure Energie stellen sich oft auch die Heizkörpernischen dar, denn gerade dort mangelt es meist an optimaler Dämmung.

- Abhilfe schaffen hier bereits einfache Alu-Haushaltsfolien, für Ästheten hält der Fachhandel (Baumarkt) bereits spezielle Folien bereit, die zwar nicht zu den Schmuckstücken der Wohnung zählen werden, aber immerhin einen guten Teil der abgestrahlten Energie zurück in den Raum reflektieren.
- Bei der Auswahl der Gardinen denken die meisten an Stoff und Muster, die wenigsten daran, dass diese dann auch – weil heute Heizkörper zumeist an den Fensterseiten angebracht sind – einen guten Teil der Wärmeabstrahlung schlucken. Fazit: Die Wand wird prächtig warm, die Bewohner frieren. Denselben Effekt bringen auch die beliebten Wohnsitzecken, die zumeist die Heizkörper abschirmen.

- Da es in den meisten Fällen nicht möglich ist, Gardinen zwischen Heizkörper und Wand bis zum Boden hängen zu lassen, ist es notwendig, dass diese – zumindest im Winter – oberhalb der Zentralheizung enden. Verzichten Sie auch auf die adretten Heizkörperverkleidungen, die den hässlichen Radiator zwar verschönern, aber dafür die Wärme abhalten in den Raum zu dringen.

Dach und Keller

- Energielöcher sind aber nicht nur Fenster und Türen, sondern auch die Kellerdecke im Erdgeschoß. Hier schaffen bereits eine Kellerdecken-Dämmplatte (sechs oder zwölf Zentimeter dick) oder ein paar Zentimeter mineralischer Isolierputz an der Kellerdecke Abhilfe.
- Wärme entweicht auch – beim Einfamilienhaus – durch das Dach. Falls nicht beim Bau schon daran gedacht wurde, helfen hier Holzwolle-Leichtbauplatten oder natürliche Dämmstoffe – wie Flachsmatten oder Schafwolle – optimal. Wer diese Investition scheut, kann sich durch das Verlegen von acht Zentimeter starker Perlite-Schüttung auf der Dachgeschoßdecke weiterhelfen. Für unbewohnte Dachböden eignen sich zur Abdichtung auch Holzbretter über dem Dämmstoff.

Investitionen

Wer nun mit den oben erwähnten Maßnahmen nicht das Auslangen findet, dem bleibt es nicht erspart, Handwerker zu engagieren und etwas zu investieren.

Bei der Suche nach dem idealen Handwerker gilt dasselbe wie vor allen größeren Arbeiten:

- Um den besten Preis zu bekommen, ist es notwendig, eine genaue Ausschreibung zu erstellen und mehrere Angebote einzuholen. Denn die Preise für ein und dieselbe Leistung unterliegen auch im Baunebengewerbe Schwankungen um bis zu 100 Prozent.
- Eine einfache Arbeit, die nicht viel Aufwand erfordert, ist das Auskleiden der Räume mit Dämmmaterial. Eine maximal zehn Zentimeter starke Dämmplatte samt Gipskartonplatte macht sich bei der nächsten Heizkostenabrechnung bereits bemerkbar.

Einbau neuer Fenster

- Bei alten Holzfenstern, wo meistens Rahmen oder Stöcke die Schwachstellen sind, ist zu überlegen, ob der Einbau von Isolierglas

Sinn macht und ob die Rahmen die erhöhte Belastung noch aushalten. Bewährt hat sich dabei der Einbau von isolierenden Schiebefenstern in Alurahmen, die zwischen Außen- und Innenflügel am Fensterstock verankert werden.

- Anhaltspunkt für Kalkulationen: Bei desolater Einfachverglasung werden pro Jahr etwa 45 Liter Heizöl zum Fenster hinaus geblasen, bei einer Isolierverglasung reduziert sich dieser Verlust auf die Hälfte.

Heizung und Kessel

Aber nicht nur durch Fenster, Türen, Wände und Decken geht Wärme verloren, die Geld kostet. Schon bei der „Produktion" der Wärme gibt es zahlreiche von Faktoren, die Energie schlucken.
Geballt treten sie bei der Wärmeerzeugung – sprich im Heizkessel – auf, die in älteren Häusern zumeist nicht mehr dem Stand der Technik entsprechen.
Wann soll eine Ölheizung, die laut Statistik zu den verbreitetsten in Österreich und Deutschland zählt, nun modernisiert werden?
Dieser Frage haben sich die Autoren der Broschüre „Richtig Heizen"*) angenommen und sind zu folgendem Ergebnis gekommen:

Heizverbrauch pro m^2 beheizter Fläche (pro Heizperiode)	**Modernisierung der Ölheizung**
bis 15 Liter	nicht erforderlich
16–21 Liter	noch nicht erforderlich
22–25 Liter	sehr zu überlegen
26–30 Liter	erforderlich
über 30 Liter	unbedingt erforderlich

In früheren Zeiten konnte die Dimension eines Heizkessels nicht groß genug sein, heute weiß man, dass dies reine Energieverschwendung ist und dass eine Heizungsanlage dann am besten arbeitet, wenn ihr Teillast-Betrieb möglichst gering ist.
Verwirrung gab es auch immer um die Begriffe Wirkungsgrad und Nutzungsgrad. „Bei den Ölheizungen gibt der Wirkungsgrad darüber Aus-

* Mag. Wenzel Müller, Mag. Roland Schönbauer, Ing. Kurt Simperl: „Richtig Heizen, Heizsysteme und Warmwasser", Konsument Extra, VKI, Wien 1998

kunft, wieviel der eingesetzten Brennstoffenergie ein Kessel in Nutzenergie umwandeln kann. Eine genauere Aussage liefert allerdings der Nutzungsgrad, der nicht nur die momentanen Verluste bei Volllast (wie der Wirkungsgrad), sondern auch die Bereitschaftsverluste mit berücksichtigt. Der Nutzungsgrad ist eine Bestandsaufnahme über einen längeren Zeitraum, etwa ein Jahr. Moderne Heizöl-Units erreichen einen Normnutzungsgrad von 90 Prozent, früher lag er bei Ölheizungen bei etwa 70 Prozent", so die Autoren von „Richtig Heizen".

- Tipp: Achten Sie beim Kesselkauf oder -tausch mehr auf den Jahresnutzungsgrad als auf den Wirkungsgrad.

Wie sich moderne Kesselsysteme auswirken, hat jüngst das Institut für Bauphysik der Universität Innsbruck in einer Studie erhoben: So konnte in einem Haus, nach der geltenden Bauordnung errichtet, nach Tausch des alten Heizkessels der jährliche Ölverbrauch von 4.295 auf 2.249 Liter gesenkt werden.

Bei thermischen Verbesserungen eines 20 Jahre alten Hauses auf den Typ Niedrigenergiehaus und Einsatz eines modernen Kessels sank der Verbrauch auf 2.141 Liter. Resümee: „Aus dieser Maßnahme ist zu erkennen, dass die Öleinsparung durch technische Eingriffe wie Kesseltausch effizient ist, die Kosten betragen hier etwa knapp 10.000 DM."

- Warten Sie deshalb nicht darauf, bis der alte Kessel ganz kaputtgegangen ist. Auch der Einbau eines neuen Brenners macht in den seltensten Fällen Sinn.
- Der Vergleich macht Sie sicher: Die führenden Fabrikate unterscheiden sich kaum in der technischen Qualität, der Wettbewerb auf diesem Markt ist eher hart, ein Umstand, der dem Käufer zugute kommt. Nehmen Sie sich Zeit für eine umfassende Prüfung des Angebots.
- Für den neuen Kessel gilt: gerade so viel Leistung wie notwendig.
- Bevor Sie nun losziehen, sollten Sie grundsätzlich darüber nachdenken, ob andere Energieformen möglicherweise günstiger wären. Etwa Stadt- oder Erdgas, das zweifelsohne seine Vorteile hat.

Umstieg auf Gas

Die Technik hat – vor allem was die Brennwerttechnik anbelangt – auch hier rasante Fortschritte gemacht und für den Benutzer auch etliche Erleichterungen gebracht: So benötigen heute moderne Feuerstätten kaum mehr einen eigenen Aufstellraum, einen Vorratsraum für Brennstoffe oder etwa einen rußbrandsicheren Schornstein. Gefahren wird mit

niedrigen Temperaturen, denn gerade die Wirtschaftlichkeit von Brennwertgeräten im Haushalt ist abhängig von der Systemtemperatur. Franz Krennbauer von der OÖ Ferngas: „In der Regel gilt: je geringer die Vor- bzw. Rücklauftemperatur, desto kürzer die Amortisationszeit."
Neben den Vorteilen der Gasheizung wie etwa der hohen Versorgungssicherheit, dem günstigen Wirkungsgrad bei der Warmwasserbereitung und dem einfachen Handling gibt es allerdings auch – etwa beim nachträglichen Einbau – einige Probleme. Umfangreiche Stemmarbeiten bei der Verlegung der Rohre sind erforderlich, außerdem gibt es besondere baubehördliche Bestimmungen für die Ableitung der Abgase bei Brennwertgeräten, die noch Energie aus den Abgasen und dem bei der Verbrennung entstehenden Wasserdampf gewinnen.
Daneben ist das Ankoppeln an das öffentliche Gasnetz natürlich eine Frage des Wohnortes und des Preises.

- Eine Anfrage beim örtlichen Gaswerk über die Anschlussbedingungen und die aktuellen Preise räumt alle Zweifel aus und gibt exakte Unterlagen für eine Kalkulation.

Heizen mit Holz

Scharf kalkulieren müssen auch jene, die – etwa der Umwelt zuliebe – an eine Holzheizung denken. Denn das Plus dieser erneuerbaren Energie liegt in ihrer CO_2-Neutralität: Biomasse, die heute verbrannt wird, wächst im kommenden Jahr anderswo wieder nach und bindet das freigewordene CO_2. Allerdings denken die meisten immer noch an den mühevollen Transport des Heizmaterials, das Zerkleinern der Scheite und die permanente Überwachung des brennenden Feuers. Das sind Tätigkeiten, die aber nur mehr Liebhaber von offenen Kaminen auf sich nehmen müssen, die Palette moderner Holzheizungssysteme reicht heute bis zur unauffälligen Zentralheizung im Keller, wo höchstens zweimal pro Jahr Nachschub angeliefert werden muss.
Denn Holz wird nicht nur in den gewohnten Scheiten angeliefert. Für Heizzwecke gibt es Holz in den verschiedensten Formen:

- Hackschnitzel, also maschinell zerkleinertes Holz, eignen sich für den automatischen Betrieb von Holzfeuerungen besonders.
- Holzbriketts bestehen aus Holzabfällen, werden in Zylinderform gepreßt (etwa 30 cm lang und zehn Zentimeter im Durchmesser) und weisen einen höheren Heizwert als gewöhnliches Brennholz auf.
- Holzpellets bestehen aus Hobel- und Sägespänen, die bei der Holzverarbeitung anfallen, und werden unter hohem Druck zu kleinen, zylin-

derförmigen Röllchen von sechs oder zehn Millimeter Durchmesser und bis zu drei Zentimetern Länge hergestellt. Sie zeichnen sich ebenfalls durch einen hohen Brennwert und geringe Restfeuchte aus.

Je nach Material ergibt sich nun für den Benutzer ein unterschiedlicher Arbeitsaufwand, der etwa bei den Holzbriketts höher ist als bei der Hackschnitzelheizung, wo das Heizgut mittels Förderschnecke aus einem Behälter zur Brennkammer transportiert wird. Pellets hingegen werden entweder in leicht stapelbaren Säcken angeliefert oder per Schlauch in den Vorratsbehälter transportiert.

- Eine moderne Holzheizung ist wegen des benötigten (trockenen) Lagerraums und dem Transport zum Brenner eine reine Platzfrage und daher schon beim Hausbau einzuplanen.
- Probleme kann es bei der nötigen Versorgung mit dem biologischen Heizmaterial kommen, denn der Nachschub für private Haushalte klappt nicht immer reibungslos.
- Wermutstropfen ist der höhere Anschaffungspreis derartiger Systeme und auch der Preis des Heizmaterials.

Nutzung von Alternativenergien

Solaranlagen

Ein letzter Schritt Energie zu sparen ist der Einsatz alternativer Energien wie etwa die Solar- und die Wärmepumpentechnik. Gerade in der Haustechnik stellt die direkte Nutzung der Sonnenenergie zur Erwärmung des Brauchwassers eine sinnvolle Ergänzung zu konventionellen Systemen dar.

Der technologische Fortschritt auf dem Gebiet der Herstellung von Kollektoren sowie von Steuer- und Regeleinheiten war in den letzten Jahren auch auf diesem Sektor rasant. Allerdings kommt es hier nicht auf die einzelnen Teile an, sondern auf die richtige Abstimmung der Komponenten und deren Einbindung in die vorhandenen konventionellen Systeme. Wichtig für die Wirtschaftlichkeit einer Solaranlage ist die korrekte Dimensionierung auf den tatsächlichen Warmwasserbedarf, der von Fachleuten zwischen 30 und 100 Litern pro Tag und Person angegeben wird. Wobei richtig ausgelegte Systeme auch in unseren Breitengraden bis zu 60 Prozent des Energiebedarfs für Warmwasser abdecken können.

Worauf ist bei Solaranlagen zu achten?

- Die Sonnenkollektoren sind nach Süden – optimal sind einige Grad Abweichung nach Westen – auszurichten, der günstigste Neigungswinkel des Kollektors liegt bei Ganzjahresbetrieb zwischen 45 und 60 Grad, wobei je nach Jahreszeit entweder darunter oder darüber nachjustiert werden soll. Optimal ist es, wenn die Sonnenstrahlen in einem rechten Winkel zu den Kollektoren auftreffen.
- Als Faustregel gilt, dass pro Person etwa 1,5 Quadratmeter Kollektorfläche gerechnet werden müssen.
- Halten Sie die Arbeitstemperatur im Kollektor so niedrig wie möglich: Für das Schwimmbad reichen etwa 35 Grad, beim Brauchwasser können Sie unter 50 Grad bleiben. Unter diesen Bedingungen können 25 bis 30 Prozent der einfallenden Sonnenenergie in Nutzwärme umgewandelt werden.
- Besonders bewährt haben sich Solaranlagen für die zusätzliche Erwärmung des Schwimmbades, wobei hier bei der Sommernutzung ein flacher Neigungswinkel des Kollektors nötig ist. Je nach Bauart lässt sich damit die Wassertemperatur im Becken in den Monaten Mai bis September um etwa drei bis fünf Grad über dem eines nicht beheizten Beckens halten. In der heißen Jahreszeit ist eine Temperaturerhöhung bis zu sechs Grad möglich. Damit liegt die Wassertemperatur während dieser Zeit immer über der Lufttemperatur, zum Erreichen einer konstanten Temperatur muss jedoch eine Zusatzheizung her.

Wer sich mit dem Gedanken trägt, sich die Sonne als Verbündeten zum Energiesparen zu nehmen, muß vorher mit hohen Kosten rechnen. So veranschlagen Fachleute für den Quadratmeter Kollektorfläche zwischen 2.000 und 9.000 Schilling/300 bis 1.300 DM. Dazu kommen Speichertank, Wärmetauscher, Umwälzpumpe und Steuerung und die Installationskosten, was unter dem Strich eine erkleckliche Summe ergibt. Eine genaue Rechnung, bevor man sich ein derartiges System anschafft, kann jedenfalls nicht schaden.

Wärmepumpen

In höhere finanzielle Regionen begeben sich auch jene, die an den Einbau einer Wärmepumpe denken. Die Wärmepumpe entzieht der Umwelt (Luft, Grundwasser oder Erdreich) Energie und gibt diese an das Heizsystem ab, wobei die Fachleute zwischen Luft-Wasser-, Wasser-Wasser-, und Erde-Wasser-Wärmepumpen unterscheiden. Manko bei allen: Sie benötigen Strom, um die Temperatur um einige Grad hochzubringen.
Deshalb ernten Wärmepumpen nicht nur Sympathie bei ernsthaften Interessenten, denen vor allem die Leistungsziffer oder Jahresarbeitszahl (JAZ) wichtig sind. Die Leistungsziffer 2,5 sagt aus, dass für ein Kilowatt, das für den Antrieb des Kompressors verwendet wird, 2,5 Kilowatt Heizungsenergie geliefert werden. Wobei Puristen schon ab Leistungsziffer 3 die Nase rümpfen, wenn sie den Primärenergiefaktor mit einrechnen.
Allerdings spielt hier auch noch die Physik mit, denn es ist nicht zu verhindern, dass mit steigender Temperaturdifferenz zwischen Außen und Innen die Leistungsziffer der Wärmepumpe sinkt. Deshalb arbeiten Wärmepumpen mit noch ganz guter Leistungsziffer, wenn beispielsweise die Temperaturen außen bei vier Grad und innen bei 21 Grad liegen. Wird es draußen noch kälter, wird mehr Energie verpumpt, als an Wärme gewonnen wird. Und zusätzlich muss an diesen Tagen die herkömmliche Heizung einspringen.

- Wärmepumpen sind von der Anschaffung her nicht billig. Dazu kommen die Kosten für eventuelle Brunnenherstellung, die etwaige Verlegung der Erdkollektoren, Anschlussgebühren und Installationskosten. Allerdings gewähren der Staat oder die Länder dafür Förderungen.
- Denken Sie bei der Haus- und Gartenplanung bereits daran, ob sie eine Wärmepumpe einsetzen möchten. Denn je nach Kollektorenart benötigen Sie dafür einen Graben zwischen einem und drei Metern Tiefe, für eine Erdsonde benötigen sie gar ein 100 Meter tiefes Bohrloch: Arbeiten, die den mühsam geplanten Garten nachträglich in ein Chaos verwandeln können.
- Für Wärmepumpensysteme, die Grundwasser, See- oder Flusswasser als Wärmequelle benutzen, bedarf es zumeist der wasserrechtlichen Genehmigung der zuständigen Behörden.
- Aufgrund der niedrigen Temperaturen – das Wasser kann auf eine maximale Vorlauftemperatur von 50 Grad Celsius gebracht werden –, eignen sich Wärmepumpen lediglich für Niedertemperatur-Heizungssysteme, wie etwa Wand- oder Fußbodenheizung.

Andere Alternativen

Wandheizung

Für jene, die das Energiesparen gründlich angehen wollen, bieten sich auch die so genannten Strahlungs- oder Flächenheizungen an. Unter diesen dominiert die Wandflächenheizung in punkto Sparsamkeit.

- Unter bestimmten Voraussetzungen kommt sie mit noch geringeren Vorlauftemperaturten aus als eine Fußbodenheizung. Das bedeutet Einsparung von Energie, aber auch die Möglichkeit billige Energiequellen einzusetzen, wie Niedertemperatur-Fernwärme, Wärmepumpen oder Solarkollektoren.
- Zur Beheizung eines Raumes sind üblicherweise ein bis zwei Wände ausreichend.
- Besonders wirkungsvoll ist es, die Fensterwand als Strahlungsfläche einzusetzen, was bedeutet, dass es keine kalte Wand mehr im Raum gibt, was sich besonders auf die Wohnbehaglichkeit auswirkt.

Weiterer Vorteil von Wandheizungs-Systemen: Sie können im Sommer als Kühlsystem verwendet werden, wenn anstelle von Warmwasser kaltes Wasser durch die Rohre geschickt wird.

Biomasse-Heizungen

In den holzreichen Ländern Mitteleuropas werden auch seit geraumer Zeit Überlegungen angestellt, bisher ungenutzte Energieträger einzusetzen. Äste, Rinden, Niedergehölz etc. fallen in großen Mengen an und können in Form von Hackgut zur Verfeuerung herangezogen werden. Für diese Form des Heizens haben eine Reihe von Firmen Heizgeräte, aber auch spezielles Heizmaterial entwickelt. Diese modernen Biomasse-Heizungen zeichnen sich besonders durch den geringen Stromverbrauch und den hohen feuertechnischen Wirkungsgrad aus.
Eine Renaissance erlebt hier insbesondere der gute, alte Kachelofen, nicht allein wegen seiner ästhetischen Form, sondern auch weil seine Strahlungswärme als besonders angenehm empfunden wird. In Verbindung mit Lüftungsrohren, Klappen und Ventilatoren kann mit einem Kachelofen auch ein ganzes Haus beheizt werden.

2. TEIL

MENSCH, MATERIAL UND UMWELT

DIE NATURNAHE ATMOSPHÄRE IM HAUS

In früheren Zeiten machten sich Eltern Sorgen um die Gesundheit der Kinder, wenn diese sich weigerten an heißen Tagen im Freien zu spielen. Heute sind sie manchmal „froh" darüber, wenn Kinder im Sommer vor dem TV-Gerät sitzen und dem Park fernbleiben. Ozon heißt die Gefahr, vor der Medien und Wissenschaftler an solchen Tagen warnen und die sich zusammen mit Auto-, Industrie- und sonstigen Abgasen wie eine dunkle Wolke über den Horizont legt.
Was die wenigsten beachten ist allerdings, dass die Luft in den Innenräumen mancherorts stärker belastet ist als jene draußen vor der Tür: Die lärmsicheren Fenster schirmen jedes Geräusch von draußen ab, lassen allerdings auch keinerlei Lüftchen mehr herein und verhindern eine natürliche Zirkulation.
Und Schadstoffe kommen in einem Raum – egal ob Büro oder Wohnung – aus jeder Ecke: Baumaterialien, Möbel, Schreib- und Klebematerial, Reinigungsmittel, aus der Reinigung abgeholte Textilien, Bürogeräte und Bastelmaterial geben Dämpfe ab. Zigarettenrauch tut ein Übriges dazu.
Und das alles wirkt auf den modernen Menschen ein, der etwa 80 bis 90 Prozent seines Lebens in geschlossenen Räumen verbringt.

Die Qualität der Raumluft

Die unmittelbare Umwelt des Menschen ist die ihn umgebende Luft. Die Luftinhaltsstoffe wirken auf die äußere Haut und die Schleimhäute des Atemtraktes ein und werden in den Körper aufgenommen. Die Wirkung eines Luftschadstoffes ist von der Art und der Konzentration des Stoffes, aber auch vom Zustand der Aufnahmeorgane abhängig. Schutzbarrieren sollen das Eindringen von Schadstoffen verhindern. Allzu oft sind aber auch diese Schutzmechanismen selbst durch Luftinhaltsstoffe bereits so weit geschädigt, dass eine erhöhte Aufnahme in den Körper erfolgt. Weltweit verlangen Mediziner und Hygieniker, dass durch vorbeugende Maßnahmen die Schadstoffbelastung in der Umgebungsluft so zu begrenzen ist, dass jedes nennenswerte gesundheitliche Risiko vermieden wird.

Luftverunreinigungen und menschliche Haut

Die Haut ist eine wichtige Kontaktzone zur unmittelbaren Umwelt. Sie ist das umfangreichste Organ des Körpers und erfüllt vielseitige Funktionen. Einerseits muss sie den Organismus nach außen gegenüber der Umwelt abgrenzen, sie ist demnach eine Barriere gegenüber den Umwelteinflüssen, andererseits stellt sie eine Verbindung mit dem inneren Organismus her. Außerdem leitet sie Reize aus der Umwelt weiter und sorgt für den Wärmeaustausch zwischen Innen und Außen.
Ein schützender Fettfilm, wegen seiner sauren Eigenschaft auch „Säuremantel“ genannt, bedeckt die gesamte äußere Haut. Der Schutz gegenüber Mikroorganismen wie Viren, Bakterien und Pilzen, aber auch gegenüber Allergenen ist von Person zu Person, aber auch in den einzelnen Körperbereichen unterschiedlich. Wird dieser Säuremantel beschädigt, reagiert die Haut empfindlicher auf Umwelteinflüsse. Durch die höhere Durchdringungsfähigkeit der Haut an solchen Stellen kann sich im Organismus eine toxische Wirkung von Umweltgiften entfalten.
Das Auftreten von Hautallergien wird immer häufiger. Allergien sind Lebensäußerungen besonderer Art. Mediziner wie etwa Primararzt Univ.-Prof. Dr. Josef Ziegler meinen, dass es den Menschen einfach nicht gelungen sei, sich innerhalb weniger Generationen an eine Vielzahl synthetischer Produkte zu adaptieren. Allergien können nicht nur in der Haut, sondern in allen Organen und Geweben auftreten. Kontaktorgane für Allergene sind die äußere Haut, der Atmungstrakt und auch der Verdauungstrakt. Allergien können aber auch durch Insektenstiche oder Injektionen ausgelöst werden. In Innenräumen treten allergische Reaktionen in erster Linie durch Stäube auf.

Luftverunreinigungen und Atemtrakt

Für alle von Bau- und Ausstattungsstoffen an die Raumluft abgegebenen Substanzen, seien es Stäube oder Gase, ist der Atemtrakt die wichtigste Kontaktzone des Körpers. Die Oberfläche des Atemtraktes ist um ein

Vielfaches größer als die der äußeren Haut. Sie beträgt zwischen 50 und 80 Quadratmeter. Mit dieser großen Oberfläche ist der Mensch den Umwelteinflüssen ununterbrochen ausgesetzt. Er *muss* atmen, wie auch immer die Atemluft beschaffen ist.
Die charakteristischen Abwehrmechanismen des Körpers im Atemtrakt arbeiten auf drei Ebenen. Auf dem Weg in die Lunge tritt die eingeatmete Luft nach Passieren des Nasen-Rachen-Raumes, der die erste Schranke darstellt, in die mittleren Atemwege ein. Zu denen gehören die Luftröhre, der Kehlkopf und die Bronchien, die mit feinsten Härchen ausgestattet sind. Diese Härchen haben eine außerordentlich wichtige Schutzfunktion, da sie in der Lage sind, in den Bronchien abgelagerte Partikel gegen den Strom der Einatmungsluft nach außen abzutransportieren. Diese wichtige Schutzfunktion ist jedoch durch Einatmen von Reizgasen und Stäuben, aber auch durch Austrocknung leicht zu schädigen. Die Lungenbläschen (Alveolen) und ihre feinen Zugänge bilden den dritten Teil unseres Atemtraktes. Er hat die größte Oberfläche. Die Alveolen besitzen eine außerordentlich dünne Zellschicht, die sie von den haarfeinen Blutgefäßen trennt, aber einen Gasaustausch ermöglicht. Die große Oberfläche der Lungenbläschen ist für die Gasaufnahme, insbesondere für die Aufnahme des lebenswichtigen Sauerstoffes, eingerichtet, den sie dann an die Blutgefäße weiterleitet. Auch in diesem Bereich existieren wichtige Schutzmaßnahmen des Körpers. Kleinste Staubteilchen und Schwebstoffe, die nur oberflächlich auf den Wänden der Lungenbläschen abgelagert sind, können in den oberen Teil des Atemtraktes zu den Flimmerhärchen weitergeleitet und von dort nach außen abtransportiert werden. Auch diese Schutzfunktion kann durch äußere Einflüsse geschädigt werden.
Reizgase wie Formaldehyd, aromatische Kohlenwasserstoffe, aber auch spezielle anorganische Feinstfasern, wie sie in Asbest oder bestimmten Dämmstoffen enthalten sind, die diese Schutzfunktion schädigen können, stehen auch im Verdacht, eine Krebs erzeugende Wirkung zu haben. Auch Radongas wird immer wieder als zweithäufigstes Lungenkrebsrisiko nach dem Rauchen bezeichnet.

Luftverunreinigungen und innere Organe

Die menschliche Haut und der Atemtrakt werden von Luftverunreinigungen unmittelbar geschädigt. In weiterer Folge entstehen auf diesem Weg schädliche Einwirkungen in den Geweben dieser Organe, was häufig

eine Schädigung der Abwehrmechanismen bedeutet. Jedenfalls sind diese ineinander vernetzten Vorgänge maßgebend dafür, ob und in welchem Ausmaß Luftinhaltsstoffe in die Blutbahn des Körpers gelangen. Die aufgenommenen Schadstoffe können bei entsprechender Dosis und Nachhaltigkeit zu Symptomen wie Schlaflosigkeit, Konzentrations- und Erinnerungsschwäche, aber auch zu schweren Erkrankungen führen.
Nachdem es nach wie vor keine klaren, international anerkannten gesetzlichen Grenzwerte für die Qualität der Raumluft gibt, bleibt es dem Konsumenten oder Bauausführenden vorbehalten, Bau, Renovierung oder Einrichtung nicht nur nach optisch-funktionellen und kostenorientierten Kriterien durchzuführen, sondern auch den gesundheitlichen Aspekt bei der Wahl von Bau- und Ausstattungsmaterialien zu berücksichtigen.

Luft – mehr als ein Gas

Reine Luft besteht aus knapp vier Fünftel Stickstoff, etwas mehr als einem Fünftel Sauerstoff, dazu kommen noch geringe Anteile an Kohlendioxid und Spuren von Edelgasen, Wasserstoff und Ozon. Witterungsbedingt kann es zusätzlich zu einer bis zu fünfprozentigen Anreicherung mit Wasserdampf kommen.
Außerdem kann die Luft eine Reihe an natürlichen organischen und anorganischen Stoffen enthalten. Zu den natürlichen organischen Bestandteilen zählen primär Viren, Bakterien, Algen, Pilze, Flechten, Pollen und Samen. Bei den natürlichen anorganischen kennen wir vor allem Sand, Löss, Erde und kosmischen Staub.
Sauerstoff ist der lebenswichtigste Anteil der Luft für uns Menschen. Spitzenleistungen, aber auch freie Entspannung ist nur in Verbindung mit einem hohen Luftsauerstoffanteil möglich. Bei einem Anteil unter zwölf Prozent hat der Mensch Atembeschwerden, unter sieben Prozent besteht Lebensgefahr.
Kohlendioxid erzeugt schon ab einem Anteil von zwei Prozent in der Luft Beklemmungsgefühle beim Menschen; bei einem Gehalt von zehn Prozent Kohlendioxid in der Luft tritt in kurzer Zeit der Tod ein.

Tipps für eine bessere Atemluft in den eigenen vier Wänden

- Rauchen Sie nicht und bitten Sie auch Ihre Gäste, bei Ihnen zu Hause nicht zu rauchen.
- Fast alle Spanplatten gasen Formaldehyd aus. Welche Alternativen es zu Spanplatten gibt, erfahren Sie auf Seite 93 ff.
- Lüften Sie die Wohnung mehrmals täglich kurz und kräftig. Wenn Sie unter einer Pollenallergie leiden, schränken Sie das Lüften jedoch ein, wenn gerade Ihr Allergen in der Luft ist.
- Lassen Sie bei Smog Fenster und Türen geschlossen. Hohe Konzentrationen von Schwefeldioxid (Wintersmog) und Ozon (Sommersmog) reizen nicht nur die Atemwege, sondern begünstigen auch Allergien.
- Renovieren Sie Ihre Wohnung so selten wie möglich. Wenn Sie aber renovieren, tun Sie es in der warmen Jahreszeit, weil Sie dann die Fenster offen stehen lassen können.
- Noch besser ist es, die Renovierungsarbeiten unmittelbar vor einer Urlaubsreise durchzuführen.
- Bevor Sie mit einer Renovierung beginnen, informieren Sie sich gründlich über die gesundheitlichen Aspekte verschiedener Baumaterialien. Nicht alles, was „natürlich“ oder „bio“ heißt, ist auch wirklich besser.
- Wenn Sie Allergiker sind, sollten Sie das Renovieren anderen überlassen, achten Sie aber genau darauf, welche Materialien verwendet werden.
- Seien Sie besonders kritisch bei Käufen für den Heimwerkerbedarf: Bestimmungen des Baugewerbes gelten hier nicht.
- Gleiches gilt für den Hobbybereich: Lösungsmittel, Farben, Kleber, Lacke und viele andere Bastelmaterialien werden nicht routinemäßig überwacht. Inhaltsstoffe sind häufig schlecht oder gar nicht deklariert.

Nach: Elke Brüser, Allergien – Das Immunsystem auf Abwegen, Stiftung Warentest/Verein für Konsumenteninformation, Berlin 1998

Luftschadstoffe und ihre Wirkung

Schadstoffe	Quellen der Schadstoffe	Wirkung
Aceton	Lösemittel in Lacken und Klebstoffen (verdampft z. B. nach Verklebung von Teppichböden). Aceton ist vielfach ein Hauptbestandteil von Nagellackentfernern.	Nach längerer Einwirkung Kopfschmerzen und Müdigkeit. Reizung der Bronchien und der Schleimhäute.
Benzol	Bestandteil von Kraftstoffen (Kfz-Abgase, Tankstellenbereich), Spuren auch im Tabakrauch.	Benzol ist ein Blutgift, es schädigt schon in geringen Mengen das Knochenmark. Die Krebs erzeugende Wirkung beim Menschen gilt als erwiesen.
Dichlormethan (Methylenchlorid)	Alte Abbeizmittel (zur Lackentfernung).	Betäubende Wirkung, kann zu Leber- und Nierenschäden führen, Verdacht auf Krebs erzeugende Wirkung und bleibende Organschäden.
Ethylacetat	Lösemittel in Lacken und Klebstoffen (Teppichbodenverklebung), Flecken- und Nagellackentfernern, Möbelpflegemitteln	Nach längerer Einwirkung Kopfschmerzen und Müdigkeit. In hohen Konzentrationen Reizung der Bronchien und der Schleimhäute.
Formaldehyd	Holzwerkstoffe (Spanplatten zur Innenraumverkleidung oder Möbelherstellung), spezielle Dämmstoffe, Fußbodenversiegelung, Verbrennungsprozesse, Tabakrauch.	Schleimhautreizungen der Augen und Atmungsorgane, Kopfschmerzen, Unbehagen, Kontaktekzeme, Atemfunktionsstörungen. Es besteht Verdacht auf Krebs erzeugendes Potential.

Schadstoffe	**Quellen der Schadstoffe**	**Wirkung**
Ozon	Entsteht durch UV-Strahlung (UV-Lampen, Sonnenbänke, Kopiergeräte, Laserdrucker) auf Luftsauerstoff. Bei starker Sonneneinstrahlung infolge von verkehrsbedingter Luftverschmutzung.	Reizt Augen, Schleimhäute und Atemwege. Hohe Konzentrationen führen zu Kopfschmerzen und vermindern die körperliche Leistungsfähigkeit. Ozon kann das Immunsystem schwächen und steht im Verdacht chronische Atemwegserkrankungen hervorrufen zu können.
Pentachlorphenol (PCP)	Alte Holzschutzmittelanstriche (seit 1987 wird PCP in Holzschutzmitteln nicht mehr eingesetzt).	Es kann zu Haut- und Schleimhauterkrankungen, Herzrhythmusstörungen, Immunschwäche und Fehlgeburten kommen.
Pyrethroide und Phosphorsäureester	Insektensprays, Elektroverdampfer gegen Schädlinge.	Erste Anzeichen einer schädigenden Wirkung können Fehlempfindungen der Haut (Kribbeln) sein; möglich sind auch Schäden des Nervensystems.
Radon	Natürliches radioaktives Gas aus dem Untergrund (insbesondere im Bereich der Zentralalpen), das über die Keller auch in Wohnräume eindringen kann.	5–10 Prozent der Lungenkrebsfälle werden der Innenraumbelastung durch Radon zugeschrieben.
Tetrachlorethen (Perchlorethylen, PER)	Chemische Reinigung in direkter Nachbarschaft sowie Spuren auf gereinigten Textilien.	Beeinträchtigung des Nervensystens. Verdacht auf Krebs erzeugende Wirkung.

Quelle: „Wohnen ohne Gift“, Verein f. Konsumenteninformation, Stiftung Warentest, Wien 1995

Schadstoffe – wer prüft?

Der Geruch, den Spanplatten oder Fußbodenkleber absondern, ist leicht zu orten, verpestet er doch allzu oft die Räume. Andere Schadstoffe sind von den menschlichen Sinnesorganen nicht mehr erfassbar. Um diese aufzuspüren ist die Hilfe von Fachleuten und der Einsatz von technischem Gerät notwendig.
Bei folgenden Stellen erfahren Sie, wo Sie in Ihrer Wohnumgebung derartige Messungen vornehmen lassen können:

Österreich
Verein für Konsumenteninformation
Mariahilfer Straße 81
A-1061 Wien
Tel.: 0043/1/588 77-0
Fax: 0043/1/587 85 65

Deutschland
Stiftung Warentest
Lützowplatz 11–13
D-10785 Berlin
Tel.: 0049/30/26 31 00
Fax: 0049/30/26 31-422

GEFÄHRLICHE SCHADSTOFFE IN DER RAUMLUFT

Formaldehyd

Formaldehyd gehört zu den bekanntesten Wohngiften. Es ist billig herzustellen und universell einsetzbar. Formaldehyd ist im Tabakrauch enthalten, es findet sich in den meisten Spanplatten, Isolierschäumen und Kunststoffen, fallweise auch in Kosmetika, Arzneimitteln, Haushalts- und Hobbychemikalien, in Textilien, Lacken, Holzschutz- und Desinfektionsmitteln. Formaldehydgas entsteht aber auch bei unvollständigen Verbrennungsvorgängen, etwa beim Kochen und Heizen mit Gas oder festen Brennstoffen.
Das farblose, stechend riechende Gas ist als „Stoff mit vermutlich nennenswertem Krebs erzeugendem Potential" eingestuft. In Tierversuchen wurde nachgewiesen, dass Formaldehyd Krebs erzeugend wirkt.
„Die Beschwerden reichen von akuten Vergiftungserscheinungen – wie Kopfschmerzen, Konzentrationsstörungen, Reizung der Augen, Atemwege und Lunge, Schädigung der Magen-Darm-Schleimhäute sowie dem Versagen innerer Organe – über allergische Reaktionen bis hin zu einer genetischen Gefährdung", warnt der Verein für Konsumenteninformation in „Wohnen ohne Gift".

So vermeiden Sie Formaldehyd aus Spanplatten

Der größte Anteil an Formaldehyd in der Raumluft stammt aber nach wie vor aus Spanplatten, Schäumen, die zur Wärmedämmung eingesetzt werden, aus Klebern und Lacken.
Spanplatten werden vor allem im Innenausbau und zur Herstellung von Möbeln, aber auch für Wandbeplankungen verwendet. Selbst wenn beim Innenausbau ausschließlich Spanplatten mit geringer Emission (E1-Platten) verwendet werden, kann es in Verbindung mit sonstigen oben genannten formaldehydhaltigen Produkten und zu geringem Luftwechsel zu belastenden Konzentrationen in der Raumluft kommen.

So vermeiden Sie Formaldehyd beim Innenausbau

- Verwenden Sie magnesitgebundene oder zementgebundene Spanplatten. Diese mineralisch gebundenen Spanplatten sind überaus feuchtigkeitsbeständig und sorgen für hervorragenden Brandschutz.
  Die Platten sind aber spröder als herkömmliche Spanplatten und dadurch schwerer zu bearbeiten. Sie sind im Baustoffhandel zu haben und nur unerheblich teurer.
- Für viele Zwecke eignen sich auch Furnier- und Tischlerplatten. Für die Verklebung dieser mehrschichtig verleimten Platten werden zwar gewöhnlich auch Formaldehydharze verwendet, im Vergleich zu Spanplatten ist der Kleberanteil jedoch gering.
- Für Verkleidungen haben sich auch Naturgips-Kartonplatten oder Naturgips-Faserplatten bewährt. Diese kaum radioaktiven Platten sind in der Lage, Feuchtigkeit rasch aufzunehmen und wieder an die Raumluft abzugeben. Sie sind einfach zu bearbeiten und sorgen für guten Brandschutz.
- Wer auf Nummer Sicher gehen möchte, verwendet Verkleidungen aus Fichten-, Kiefer- oder Tannenholz, die aber teurer als Spanplatten sind. Dazu eine Anmerkung: Überall dort, wo Wandverkleidungen frei belüftet und nicht im Spritzwasserbereich verbaut werden, bedarf es keines zusätzlichen Holzschutzes. Holzteile, die dicht in Wandkonstruktionen eingebaut werden, müssen zusätzlich, am besten mit Flüssigsalzen, geschützt werden. Gute Brandschutzwerte werden nur mit dicht verlegten Holzbrettern ab zwanzig Zentimeter Stärke erreicht.
- Möbel werden häufig aus Spanplatten hergestellt. Selbst nach mehreren Jahren ist der unangenehme Geruch noch spürbar.
  Beim Kauf können Sie – auch ohne Polizeihundqualitäten – durch sorgfältiges „Beschnuppern“ (stechender, leicht säuerlicher Geruch) recht bald spüren, ob reichlich Formaldehyd verarbeitet wurde. Ein weiteres Indiz ist dazu meist auch noch der niedrige Preis, da natürlich verarbeitete Möbel in Vollholz meist teurer sind.
- Haben Sie solche Möbel bereits in der Küche (Berührung mit Lebensmitteln), im Wohn-, Schlaf- oder Kinderzimmer, so sollten Sie zumindest häufig bei offenen Möbeltüren und Laden ausgiebig lüften.
- Mit vollkommener, dichter Beschichtung lässt sich die Formaldehydabgabe bei Spanplatten erheblich reduzieren, Anstriche mit synthetischen Lösungsmitteln sind aber selbst wieder ein gesundheitliches Risiko. Wenn Sie so eine Beschichtung aufbringen wollen, benutzen Sie wasserverdünnbare Dipersions- oder Acryllacke.

- Stellen Sie Grünpflanzen in Formaldehyd-belastete Räume: Es gibt „Grünfilterpflanzen“, die laut NASA Formaldehyd in Innenräumen abbauen: Chrysanthemen, Schwertfarn (Nephrolepis), Gummibaum (Ficus elastica), Grünlinie (Chlorophytum), Kolbenfaden (Aglaonema).

Mikroorganismen

Jeder hat sie schon gesehen: Fotos von Räumen, deren Wände schwarz sind von Schimmelpilz, der trotz des immer gut gemeinten Ratschlages „Lüften“ nicht weicht. Und der, so die Mediziner, zahlreiche Erkrankungen nach sich ziehen kann: Von Gehirnhautentzündung, Erkrankungen in Ohr und Nebenhöhlen, Schäden an Niere und Blase bis zum Befall von Bronchien und Lunge reichen die Gefahren dieses – vor allem in gut abgedichteten, fallweise feuchten und warmen Räumen – auftretenden Wand- und Deckenbefalls.
Aber neben Schimmelpilz und seinen Sporen finden sich im gewöhnlichen Haushalt – mit freiem Auge zum Glück nicht erkennbar – auch Hausmilben und deren Ausscheidungen, Fäulnisbakterien und andere pflanzliche und tierische Kleinstlebewesen – fein vermischt mit dem Abrieb von Bettzeug und Kissenfüllungen, Hautschuppen, Haaren und Nahrungsmittelresten.
Dieser organische Cocktail belastet natürlich ebenfalls die Raumluft erheblich und kann bei den Bewohnern Infektionen, Allergien, ja sogar Vergiftungen auslösen.
Die meisten Mikroorganismen gedeihen besonders gut bei Wärme und Feuchte, also unter Bedingungen, die auch vom Menschen als angenehm empfunden werden.
Wer sich also vor biologischen Raumluftschadstoffen schützen, auf angenehme Wärme und Luftfeuchte aber nicht verzichten möchte, sollte auf Folgendes achten:

So vermeiden Sie „Kältebrücken“ bei Außenwand- und Dachflächen
- Viele kennen die dunklen Flecken, die bei Billigwohnbauten häufig an „Kältebrücken“, im Anschlussbereich zwischen Außenwand und Decke, auftreten.

Solche Kältebrücken entstehen immer dann,

- wenn gut dämmende, Feuchtigkeit speichernde Außenwände, wie z. B. porosierter Ziegel, mit Feuchtigkeit abweisenden, schlecht dämmenden Materialien, wie z. B. Stahlbeton, in Verbindung kommen,
- wenn die Außenhaut der Außenbauteile so dicht ist, dass die verbrauchte Feuchte der Wand nicht austrocknen kann,
- wenn die Wärmedämmschicht bei Dachschrägen oder Häusern in Leichtbauweise unterbrochen ist,
- wenn die bei manchen Bauweisen vorgeschriebene Dampfbremse durchbrochen ist (z. B. durch Elektroinstallationen),
- wenn Fenster und Außentüren nicht fugendicht eingebaut sind.

- Infrarotaufnahmen zur sicheren Beurteilung von Kältebrücken werden von den Umweltschutzabteilungen der jeweiligen Landesregierung durchgeführt. Auch die Technischen Überwachungsvereine (TÜV) verfügen über derartige Adressen.
- Das Überstreichen der dunklen Flecken mit Deckanstrichen behebt den Mangel nur kurzzeitig. Eine nachhaltige Verbesserung des Raumklimas wird nur erreicht, wenn:
  - eine zusätzliche ganzflächige Außenwandwärmedämmung oder Innenwanddämmung mit Dampfsperre aufgebracht wird;
  - häufig gelüftet wird;
  - statt hoher Raumlufterwärmung (Zentralheizung, Einzelofen) im Winter mit Strahlungswärme (Wand- bzw. Fußbodenheizung) geheizt wird.
- Ein vollkommenes Abisolieren mit dampfdichter Lackfarbe ist jedenfalls einen Versuch wert. Allerdings müssen vor dem Streichen die Stellen vollkommen trocken sein, da sonst die Isolierschicht platzt. Zur Austrocknung sollten Sie zunächst mehrere Wochen ständig beheizen und lüften.

  Zeigt sich der Pilzbefall an besonders kalten Stellen an Wand und Decke, ist das oft ein Hinweis auf mangelhafte Wärmedämmung dieser Bauteile. Bei solchen Kältebrücken hilft nur das Aufbringen einer nachträglichen Wärmedämmung.

So vermeiden Sie die Belastung der Raumluft mit Mikroorganismen

- Eine biologische Schadstoffbelastung der Raumluft können Sie auch reduzieren, wenn Sie Teppiche ohne Schaumlage verwenden. Schaumlagen sind oft Brutstätten für Bakterien und Milben.

- Mit glatten, pflegeleichten Bodenbelägen wie Schiffböden, Landhausdielen, Parkettböden, Linoleum oder Natursteinböden, keramischen Belägen und Ziegelklinkern können Sie die Entwicklung von Mikroorganismen minimieren.
- Teppiche sollten Sie nach Möglichkeit als Einzelstücke verlegen, damit sie auch außer Haus gereinigt werden können.
- Im Ganzen verlegte Teppiche sollten Sie zur Entfernung der Luftkeime mehrfach wöchentlich saugen.
- Benutzen Sie nach Möglichkeit einen Staubsauger mit Mikrofilter. Feiner Staub und Luftkeime sind zu winzig, um von üblicherweise eingebauten Staubsaugerfiltern zurückgehalten zu werden. Beim Saugen werden die Feinstteilchen lediglich hochgewirbelt und in der ganzen Wohnung verteilt.
- Luftbefeuchter, Springbrunnen etc. gehören häufig gereinigt und mit frischem Wasser gefüllt.
- In Nassräumen sollten Sie die Wände und Decken oberhalb des Spritzbereiches (der Verfliesung) mit offenporigem, saugfähigem Putz und Anstrich versehen. Diese Materialien dienen als Feuchtepuffer, sie nehmen Schwitzwasser auf und geben es allmählich wieder an die Raumluft ab.
- Gut wärmegedämmte Wände und Decken reduzieren das Risiko eines Schimmelpilzbefalls entscheidend. Je höher die Oberflächentemperatur von Wand und Decke ist, umso weniger Schwitzwasser fällt an.
- Um Schimmelbefall zu verhindern, sollten Sie Pflanzenfarben ohne Konservierungsmittel nicht auf feuchte Wände auftragen.

Faserförmige Stäube

Wie Primarius Dr. H. Zwick, Abteilung für Lungenerkrankungen, Krankenhaus Wien-Lainz, feststellt, besteht prinzipiell bei allen inhalierbaren Fasern ein Krebsrisiko, wenn sie bestimmte gefährliche Abmessungen aufweisen.
Und in der Broschüre „Vom Wissen zum Handeln“ hat Dipl.-Ing. Johannes Fechner von der Umweltberatung Österreich darauf hingewiesen, dass in Mineralwolle 0,15 Gewichtsprozent gefährliche Fasern unter 1 µm zu finden sind. 26 bis 50 Prozent der Fasern sind kleiner als 3 µm.

Schon 1990 wurde jedenfalls von der „Deutschen Forschungsgemeinschaft zur Prüfung gesundheitsschädlicher Arbeitsstoffe" vorgeschlagen, atembare und lungengängige Fasern mit den von Fechner genannten Durchmessern „als Stoff mit begründetem Verdacht auf Krebs erregendes Potential" einzustufen.
Entgegen den Herstellerangaben haben Wissenschaftler (Dipl.-Chem. H. Tiesler und Dipl.-Chem. J. Schnittinger in Zbl. Arbeitsmed 42, 1992, 278–285) festgestellt, dass auch bei der Verarbeitung von Cellulose-Dämmstoffen (Isofloc) hohe Konzentrationen an lungengängigen, faserförmigen Partikeln (mehr als das Doppelte über dem „Allgemeinen Staubgrenzwert") auftreten.

Asbest

Keinerlei Zweifel über die Gefährlichkeit gibt es hingegegen beim Universalprodukt der letzten Jahrzehnte, dem Asbest. Er gehört zu den Krebs erregenden Schadstoffen, Asbestfasern in einem bestimmten Längen-/ Durchmesserverhältnis können zu Lungenkrebs oder Asbestose führen.
„Asbest" – so die Autoren von „Wohnen ohne Gift" – „wurde bis in die Siebziger- und frühen Achtzigerjahre in zirka 3.000 verschiedenen Einzelprodukten eingesetzt. Jetzt wird Asbest bis auf wenige Ausnahmen nicht mehr verwendet. In alten Produkten ist dieses Mineral aber immer noch enthalten: in Elektrospeicheröfen (Nachtspeicheröfen), Föhnen, Bügeleisen, Bodenbelägen, Heizkörperverkleidungen, Isolierpappe (häufig zwischen Herd und Kühlschrank), Sieben, Blumenkästen, Fensterbänken, Trink-, Abwasser-, Lüftungs- und Abgasrohren.
Besonders bekannt geworden sind Asbestzementprodukte als Fassadenverkleidungen und Dachabdeckungen. Gefährlicher ist aber Spritzasbest. Er findet sich besonders in Gebäuden der Sechziger- und Siebzigerjahre als Fugenmasse (zum Beispiel zwischen Fensterstock und Wand). Asbestzement und Asbestvliese wurden – weil das in Österreich die Bauordnung vorschrieb – rund um beziehungsweise hinter Elektroinstallationen (bei Leitungen, hinter Schaltern und Schaltkästen) eingesetzt."

So vermeiden Sie eine Raumluftbelastung mit faserförmigen Stäuben
Wieweit Feinstfasern die Raumluft belasten, ist von der sorgfältigen und dichten Verarbeitung abhängig, trotzdem sollten Sie einige Regeln beachten:

- Prüfen Sie, ob noch irgendwo alte Asbestfeuerschutzplatten, Isoliermatten, Ofenschirme etc. lagern. Wenn ja, als Sondermüll entsorgen lassen!
- Asbestsanierung ist kein Job für Heimwerker. Beim Schleifen, Stemmen oder anderen Arbeiten wird gefährlicher Asbeststaub frei.
- Kontrollieren Sie, wo Feinstfasern aus der Wärmedämmung mit der Raumluft in Berührung kommen können (Elektroinstallationsöffnungen, Heizungs- und Rohrisolierungen etc.). Schließen Sie alle diese Öffnungen fugendicht.
- Achten Sie darauf, dass bei Um- und Neubauten Glasfaser- oder Mineralwolle nur so verarbeitet wird, dass keine Feinstfasern an die Wohnraumluft gelangen können.
- Bei Fußbodendämmungen können Sie auf Perlite ausweichen. Das Material ist unverrottbar, ungezieferbeständig und reguliert die Feuchtigkeit gut.
- Matten sollten Sie bei der Wand- und Dachschrägedämmung sorgfältig gegen Absacken schützen (um Kältebrücken zu vermeiden).
- Schafwolle, lose oder in Matten verarbeitet, bringt vergleichbare Dämmwerte wie Mineralwolle, ist aber um einiges teurer.
- Holzfaserdämmplatten dämmen etwas schlechter als Mineralwolle. Sie sind wasserdampfdurchlässig, aber feuchtigkeitsempfindlich.

Literatur zum Thema

Verein f. Konsumenteninformation, Stiftung Warentest: Wohnen ohne Gift. Perlen Reihe, Wien 1995

Manfred Berger u. a.: Asbest-Report. VGS Verlagsges., Köln 1989

Johannes Friemann: Asbest, Fibrose, Krebs. G. Fischer, Stuttgart 1992

Johann Köster, Edvard B. Grunau: Mineralfasern. Eine Gefahrenquelle. Expert Vlg., Renningen 1993

Werner Linster, Albrecht Schmidt, Thomas Nowak: Asbest. Kompendium für Betroffene, Planer und Sanierer. C. F. Müller, Heidelberg 1996

Sabine Wenzel: Dicke Luft. Hirzel, Stuttgart 1997

Radioaktivität

Seit dem Reaktorunfall in Tschernobyl im Frühjahr 1986 ist das Thema „Strahlenbelastung“ allgemeiner Diskussionsstoff. Dass dieser Unfall in der unmittelbaren Umgebung und darüber hinaus zu gesundheitlichen Schäden geführt hat, kann heute niemand mehr bestreiten. Inwieweit sich diese Verstrahlung allerdings im restlichen Europa auswirkt, darüber gibt es (noch) keine Untersuchungen – oder zumindest keine Resultate.
Denn der Mensch ist auch von natürlicher radioaktiver Strahlung umgeben. Schon Klinker, Natursteine, Ziegel aus den Zentralalpen, Bimsstein, Schlackensand und Schlackensteine können erhöhte radioaktive Strahlung abgeben. Und lange Zeit stand auch der in Rauchgas-Entschwefelungsanlagen entstehende Gips im Mittelpunkt der Kritik von Umweltschützern, da er eine angeblich doppelt so starke radioaktive Strahlung hatte wie natürlicher Gips. Die Vorwürfe waren allerdings nicht haltbar, die Unterschiede haben sich als unerheblich herausgestellt.
Phosphatgips aus der Düngemittelerzeugung, der radioaktiv strahlen kann, wird nicht mehr für Baustoffe verwendet, schreiben die Autoren des Buches „Wohnen ohne Gift“. Naturgips ist weniger radioaktiv belastet. Allerdings sind die natürlichen Gipsvorkommen beschränkt.
In einer Broschüre der Niederösterreichischen Baudirektion-Ortsbildpflege (Heft Nr. 44/1992) ist die natürliche Radioaktivität (Summenwert) von verschiedenen Baustoffen durch eine Messskala dargestellt (siehe Tabelle auf der gegenüberliegenden Seite).
Bewertet werden Baustoffe in einer Summenformel, in der die drei wichtigsten Strahler Kalium 40, Radium 226, Thorium 232 und deren Zerfallsprodukte zusammengefasst werden. Der daraus resultierende Wert sollte die Zahl 1 nicht überschreiten, es ist jedoch aus baubiologischer Sicht angebracht, den Schwellenwert 0,5 zu empfehlen, um besonders Kinder und Jugendliche vor einer größeren Strahlenbelastung zu schützen.
Auswertungen aus Deutschland ergeben eine durchschnittliche Strahlenbelastung durch natürliche Quellen pro Person und Jahr von etwa 120 Millirem. Eine Untersuchung der deutschen Strahlenschutzkommission in Wohnräumen ergab eine durchschnittliche Jahresdosis von 800 Millirem.

Baustoff	**Summenwert in Nanocurie (nC)**
Chemiegips (Phosphorit)	1,6
Flugasche	1,2
Tuff, Bims	1,0
Hochofenschlacke	0,9
Betonstein-Schlacke	0,9
Granit	0,9
Ziegel	0,6
Betonstein-Ziegelsplitt	0,5
Betonstein-Blähton	0,3
Sandstein	0,3
Fertigputzmörtel	0,2
Gasbeton	0,2
Betonstein mit natürlichem Zuschlag	0,2
Chemiegips (Apatit)	0,2
Naturgips	0,1

So reduzieren Sie die Strahlenbelastung in Wohnräumen

Welche Möglichkeiten gibt es, bei der Strahlenbelastung wieder zu weitgehend natürlichen Klimagegebenheiten zu kommen?

- Am wichtigsten ist das bewusste, kontrollierte Lüften ➡ Seite 127.
- Bei Ausbau, Renovierung und Neubau sollten Sie nur Materialien verwenden, die keine oder zumindest nur eine geringe Strahlenbelastung verursachen.
- Falls Sie annehmen müssen, dass Ihre Wohnräume durch Baustoffe und deren radioaktive Strahlung besonders belastet sein könnten, beauftragen Sie ein einschlägiges Fachinstitut mit einer entsprechenden Messung.

Literatur zum Thema

Jörg Brandt, Wolfram Rechenberg: Umwelt, Radioaktivität und Beton. Sachstandsbericht. Beton Verlag, Düsseldorf 1994

Agemar Siehl: Umweltradioaktivität. Ernst & Sohn, Berlin 1996

Peter Weish, Eduard Gruber: Radioaktivität und Umwelt. G. Fischer, Stuttgart 1986

Christoph Zink: Pschyrembel Wörterbuch Radioaktivität, Strahlenwirkung, Strahlenschutz. De Gruyter, Berlin 1987

DIE WICHTIGSTEN AUSSTATTUNGS-MATERIALIEN

Wand- und Deckenfarben

Liebhaber von biologischen Materialien stoßen oft auf ungeahnte Schwierigkeiten, wenn sie ihr Konzept kompromisslos durchziehen wollen. Vor allem wenn es darum geht, alte Tradition mit moderner Technik zu verbinden. Heinz F. Honies schildert in seinem Buch „Bauen und Wohnen“ einen derartigen Versuch:

„Es begann mit dem Ausmalen der Räume: Natürlich durfte es kein industriell-chemisch verseuchter Anstrich sein, sondern ich wollte, wie die Altvorderen, die Wände blütenweiß auskalken. Zu diesem Zwecke beschaffe man sich so genannten ungelöschten Kalk, lasse ihn in Wasser ruhen, presse dieses Gemisch – damit keine Brocken entstehen – durch einen Nylonstrumpf und gewinne daraus eine biologische, blütenweiße Farbe.

Normalerweise wird diese dann mittels einer Bürste aufgetragen, für mich jedoch kam nur eine Spritzpistole ein Frage. Deshalb lieh ich mir eine Anlage dieser speziellen Art, die jedoch dermaßen professionell war und unter derartigem Hochdruck arbeitete, dass, wenn das Ding mit Wasser gefüllt war, der scharfe Strahl mühelos den alten Anstrich von den Wänden fegte, was bei der Beseitigung der alten Malerei sehr bequem war.

Weniger funktionell erwiesen sich die 12 atü, als wir das Gerät mit meiner fein passierten Kalkschleimlösung füllten. Nach einem Quadratmeter weißer Wand machte das Ding nur mehr ‚Mmmpffftt‘.

Es kam nichts mehr.

Technisch-chemische Analyse meines Arbeitspartners: Die mikroskopisch feinen Kalkpartikel hatten sich am Ende des Schlauches durch den hohen Druck dermaßen verdichtet, das sich ein zwar kleiner, aber umso massiverer Kalk-„Stein“ angelegt hatte, der nichts mehr durchließ.

Diesen Stoppel versuchten wir mittels eines Holzbohrers in mühevoller Kleinarbeit zu entfernen. Was auch gelang.

Allerdings nur bis zum nächsten Spritzversuch. Dieser Vorgang wieder-

holte sich etwa neunmal. Nach drei Wochenenden Spritzen-Bohren-Spritzen-Bohren etc. und dreieinhalb Quadratmetern weißer Wand gaben wir es mit diesem Supergerät auf.
Ich griff zur herkömmlichen Spritzpistole, denn noch immer wollte ich nicht glauben, dass die Technik an einer solch einfachen Aufgabe versagt. Den Kalkschleim schüttete ich in die Senkgrube, zum Einsatz kam ein industrielles Produkt, mit dem man molto und flott arbeiten kann.
Es funktionierte blendend. Der feine Strahl sprühte ohne Probleme aus der Düse, die Farbpartikel blieben wunderbar im Raum stehen, fraßen sich in meiner Lunge fest und riefen Atemnot und einen Hustenanfall nach dem anderen hervor. In Kürze war ich wunderbar weiß eingefärbt, was von der Wand nicht behauptet werden konnte, die erst nach siebenmaligem Überspritzen einen Hauch von Farbe aufnahm.
Als problematisch erwies sich auch das Einfärben der Decke, denn zu diesem Zweck musste ja die Pistole gekippt werden, wobei sich nach den Gesetzen der Physik der Flüssigkeitsspiegel veränderte, die Düse naturgemäß nur mehr Luft ansaugte und ein mir wohl vertrautes Geräusch von sich gab.
‚Mmmfffptt!'
Nach weiteren drei Wochenenden im Farbenrausch engagierte ich einen Maler, der sämtliche Räume mit einer Kübelspritze innerhalb eines Nachmittags einfärbte.
Ich blieb weiß vor Ärger."
Tatsächlich war in alten Zeiten – speziell in Bauernhöfen – der Kalkanstrich eines der gebräuchlichsten Mittel, Räume und Ställe kostengünstig auszuweißen, heutzutage ist er nur mehr selten zu finden. Trotzdem ist er im Fachhandel – fertig zubereitet – noch erhältlich.
Ein solcher Anstrich ist atmungsaktiv, biologisch abbaubar und Kalkfarben wirken desinfizierend und pilztötend. Er ist gegen Feuchte unempfindlich, daher gut geeignet für Küche, Bäder, Keller und Lagerräume. Verschmutzungen lassen sich allerdings nicht abwaschen, sondern nur überstreichen.
Um bunte Farbe an die Wand zu bringen, ist es notwendig, kalkbeständige Pigmente beizumischen, die Zugabe von Kasein, Leinölfirnis und Wasserglas verbessert die Wasser- und Wischbeständigkeit. Nach Beimengung von Quarzmehl wird der Anstrich fülliger und kann die weit aufwendigere Kombination Putz, Raufasertapete und Anstrich ersetzen.
Lange Zeit wurden von den Malermeistern auch Leimfarben verwendet, die mit Wasser verdünnbar sind. Sie sind wischfest und wasserdampf-

durchlässig, machen aber Probleme bei Feuchtigkeit. Das heißt, sie müssen vor einem neuerlichen Ausmalen wieder entfernt (abgewaschen) werden.

Eignung von Beschichtungsmaterialien auf mineralischen Untergründen*

Farben	**K/S**	**MZ**	**PB**	**GK**	**KMP**	**KGP**	**KZP**	**GP**	**FZP**	**STB**
Kalkfarben	+	+	–	–	+	–	+	–	+	+
Leimfarben	–	+	–	+	+	+	+	+	–	+
Silikatfarben	+	+	+	–	+	–	+	–	–	+
Dispersions-Silikatfarbe	+	+	+	–	+	–	+	–	+	+
Kunstharz-Dispersionsfarbe	+	+	–	+	–	+	+	+	+	+
Naturharz-Dispersionsfarbe	+	+	–	+	+	+	+	+	+	+
Kasein-Wandfarbe	+	+	–		+	+	+	+	–	+
Latexfarben	+	+	–	+	–	+	+	+	+	+
Acryldispersions-farbe	+	+	–	+	–	–	+	+	+	+
Silikonharz-Emulsionen	–	+	+	+	+	–	+	+	+	+
Ölfarben	–	–	–	+	–	+	+	+	–	–
Alkydharzlack	–	–	–	+	–	–	–	+	+	–
Reaktionsharzlack Zweikomponenten-lack – SH-Lack	–	+	–	–	–	–	+	–	–	+

+ = geeignet, – = nicht geeignet
Quelle: Katalyse e.V., Köln/Verein für Konsumenteninformation, Wien

* Folgende Abkürzungen werden in der Tabelle verwendet:
K/S = Kalk/Sandstein
MZ = Mauerziegel
PB = Porenbeton
GK = Gipskarton
KMP = Kalkmörtelputz
KGP = Kalkgipsputz
KZP = Kalkzementputz
GP = Gipsputz
FZP = Faserzementplatten
STB = Stahlbeton

Dispersionsfarben

Die heute am häufigsten eingesetzten Anstriche für Wand und Decke sind die wegen ihrer guten Haftung und Haltbarkeit geschätzten Dispersionsfarben. Sie sind mit Wasser verdünnbar und deshalb fast lösungsmittelfrei. Die Autoren des „Kursbuches Lebensqualität" schreiben: „Bei Innenwandfarben beträgt der Anteil etwa ein Prozent, für Außenanstriche werden zwei Prozent und bei Naturharzfarben rund sechs Prozent verwendet." In Dispersionsfarben sind außerdem noch Weichmacher, Dispergierhilfsmittel, Pigmente und Füllstoffe enthalten. Manche sind auch „fungizid ausgerüstet" oder „bakterizid ausgerüstet" – das ist auf der Verpackung vermerkt. Solche Farben enthalten Pilz- und Bakteriengifte. In Innenräumen sollten sie deshalb keinesfalls verwendet werden.
Dispersionsfarben, die insgesamt eine geringe Luftbelastung verursachen, sind teurer als Leim- oder Kalkfarben. Entscheidend für den Preis sind die verwendeten Bindemittel, Füllstoffe und Pigmente.
In Kunststoffdispersionen sind diverse Kunststoffe wie Polyacrylat, Polyvinylacetat, Styrolacetat oder Styrolbutadien (Latexfarben) enthalten.
„Naturdispersionsfarben von seriösen Naturfarbenherstellern", so das „Kursbuch Lebensqualität", „basieren auf wesentlich umweltverträglicheren Naturharzen als Bindemittel. Diese lassen sich mittlerweile genauso problemlos verarbeiten wie konventionelle Produkte, sind aber wesentlich teurer."

So wählen Sie Wand- und Deckenfarben richtig aus

- Lesen Sie vor dem Kauf sorgfältig die Aufschrift auf den Farbtöpfen.
- Wollen Sie sicher sein, dass die Raumluft durch den Wand- und Deckenanstrich nicht belastet wird, sollten Sie eine etwas teurere Naturkaseinfarbe, Naturharzdispersion oder mineralische Silikatfarbe auswählen. Diese Anstriche sind abtönbar, waschfest und spritzen und tropfen bei der Verarbeitung kaum. Sie müssen allerdings gleich nach dem Öffnen verarbeitet werden.
- Tragen Sie beim Verarbeiten von Kalkanstrich unbedingt einen Haut- und Augenschutz. Das gilt auch für Silikatanstriche.
- Bei der Verwendung von Latexfarben sollten Sie beachten, dass diese einen hohen Kunststoffanteil haben und fast so dicht wie Dampfbremsen sind, d. h., dass sie die Maueratmung weitgehend unterbinden.
- Grundregel für Anstriche: Je widerstandsfähiger und strapazierbarer, umso mehr Chemie ist drin.

Tapeten

Was früher in königlichen Palästen und bürgerlichen Salons die Wände verschönerte, kann sich nun schon seit geraumer Zeit auch der kleine Mann von der Straße leisten: Tapeten. Tapeten, in regelmäßigen Abständen erneuert, sind heute en vogue. Über Farbe und Muster kann man streiten, darüber, dass sie gut haften, strapazierfähig und leicht zu reinigen sein sollen und sich ebenso leicht wieder entfernen lassen müssen, nicht.

Woraus bestehen Tapeten?

Die gebräuchlichsten Tapeten sind Papiertapeten und Strukturschaumtapeten.
Das Papier der Papiertapete ist geleimt, das heißt, beim Herstellungsprozess sind Naturharze (z. B. verseiftes Kolophonium) zugesetzt worden, um die Nassfestigkeit des Papiers zu verbessern. Daneben werden kleine Mengen anderer Zusätze wie Netzmittel, Konservierungsmittel, optische Aufheller und andere eingesetzt.
Der Schaum der Strukturschaumtapeten besteht überwiegend aus PVC oder Acrylsystemen. Außerdem sind ihnen chemische Weichmacher, Stabilisatoren, Treibmittel und weitere Zuschlagstoffe beigefügt. Auf die Qualität der Innenraumluft bleibt das nicht ohne Einfluss.
Die Raufaser besteht aus zwei Lagen. Die abgedeckte Lage wird aus dem Papierrohstoff mit eingelagertem Holzmehl, die Decklage aus dünnem, gebleichtem oder ungebleichtem Papierstoff hergestellt. Beide Lagen werden üblicherweise durch Gautschen, d. h. mechanisch miteinander verbunden. Raufasertapeten geben kaum Fremdstoffe an die Raumluft ab.
Ins Kreuzfeuer der Umweltschützer sind Vinyltapeten geraten, bei denen auf eine Schicht aus Papier und Gewebe eine weitere Schicht PVC aufgetragen wird. Daraus ergibt sich zwar eine sehr strapazierfähige, abwaschbare Tapete, die aber zu mehr Emissionen führt als reine Papiertapeten.

- Eine Alternative zu Strukturschaumtapeten bilden neben der Raufaser auch Wandbespannungen aus Baumwolle, Jute, Leinen oder Bast.
- Glasfasertapeten sind unbrennbar und strapazierfähig, aber teuer.

Tapeten verkleben und wieder ablösen

- Der gebräuchlichste Tapetenkleber ist Kleister aus Methylzellulose, der in der Anwendung zwar harmlos, aber ein Produkt der Chlorchemie ist. Einen einfachen Tapetenkleister können Sie aus Wasser, Mehl und Stärke selbst herstellen.
- Lösungsmittelhaltige Kleber sollten Sie nur verwenden, wenn die Wand nicht saugfähig ist oder die Tapeten kein Wasser vertragen.
- Zum Ablösen der alten Tapeten sollten Sie wenn möglich auf so genannte Tapetenlöser verzichten, in den meisten Fällen kann die alte Tapete an der Wand bleiben oder mit viel Wasser entfernt werden.

Fußbodenbeläge

PVC-Beläge

Außer in Wohn-, Schlaf- und Kinderzimmern dominieren die PVC- Beläge, wobei dieser Werkstoff nach wie vor im Kreuzfeuer der Umweltschützer steht, da er bei Herstellung und Entsorgung die Umwelt massiv belastet. Wobei als kräftigstes Argument ein Wohnungsbrand herangezogen wird, bei dem die Gefahr besteht, dass hochgiftige Dioxine und Furane freigesetzt werden.
Und obwohl die Hersteller unermüdlich darauf hinweisen, dass aus PVC-Produkten keine für Menschen schädlichen Stoffe abgegeben werden, fordern Verbraucherorganisationen weiterhin dazu auf, PVC zu meiden.
Dessen ungeachtet gehören zu den gebräuchlichsten glatten Belägen jene aus PVC. Sie sind billig, leicht zu verlegen, dauerhaft, pflegeleicht und in unzähligen Farben und Mustern zu haben. Sie unterscheiden sich in ein- und mehrschichtig aufgebaute sowie mit einer PVC-Schaumlage versehene Typen. Die wichtigsten Bestandteile neben PVC bzw. PVC/PVAC sind weitere chemische Substanzen wie Weichmacher, Stabilisatoren, Füllstoffe, Pigmente und teilweise chemische Treibmittel.
Neu auf dem Sektor der Bodenbeläge sind die aus Polyethylen und Polypropylen hergestellten Polyolefin-Beläge, die im Unterschied zum PVC kein Chlor enthalten. Sie sind ebenfalls unverwüstlich, leicht zu pflegen und widerstandsfähig, aber wie alle Beläge aus Kunststoff nicht feuchtigkeitsregulierend.

Linoleum

Eine Renaissance feiert seit geraumer Zeit das gute alte Linoleum, das sich im Zusammenhang mit der Bevorzugung von Naturstoffen in Verbraucherkreisen langsam als echter Ersatz für PVC-Beläge durchsetzt. Linoleum besteht aus Leinöl, abgemischt mit anderen trockenen Ölen (Sojaöl, Talgöl). Diese Mischung wird durch Reaktion mit Luftsauerstoff zu einer festen, kautschukartigen Masse. Diese wird dann durch Zugabe von Naturharzen (Kolophonium) zu Linoleumzement verarbeitet.
Allerdings ist dieser Bodenbelag nicht unumstritten. So klärt die Zeitschrift Konsument (11/94) ihre Leser auf: „Wer aber nun glaubt, mit Linoleum ein völlig natürliches Produkt zu bekommen, ist im Irrtum. Natürlichen Ursprungs sind zwar die Ausgangsstoffe: Leinöle, Harze und Kopale sowie Kork- und Holzmehl. Dann sind aber – genauso wie bei den synthetischen Belägen – Zusätze zur Materialstabilisierung notwendig. Und die bestehen keineswegs nur aus Naturstoffen: Sikkative (Verarbeitungshilfsmittel) auf der Basis von Schwermetallen, Farbpigmente aus industrieller Produktion, nicht zu vergessen die Kunststofflacke zur Oberflächenversiegelung."
Ein Tipp der Zeitschrift „Konsument": Achten Sie darauf, ob das Linoleum mit Polyacrylat versiegelt wurde. Es ist dann zwar bequemer zu reinigen, verhindert aber den natürlichen Geruch des Linoleums.
Und noch ein Hinweis: Linoleum verträgt weder Fett noch hohe Luftfeuchtigkeit.

Teppichböden

Mit zu den beliebtesten Belägen gehören – egal ob in Natur oder Kunstfaser – die Teppichböden. In Wohn-, Schlaf- und Kinderzimmern vermitteln sie Behaglichkeit, sind warm und dämmen Wärme und Schall. Sie bestehen aus Fasern und Trägervlies, wobei häufig zusätzlich ein Schaumrücken aufgebracht wird. Fasern und Trägervlies werden preisgünstig aus unterschiedlichsten synthetischen Fasern hergestellt, der Schaumrücken besteht aus Latexschaum.
In der Regel haben Teppichbeläge eine hohe Abriebfestigkeit und sind sehr strapazierfähig. In die Chemiefaser selbst dringt kein Schmutz ein. Gemeinsam mit Lösemittelklebstoffen belasten sie aber die Raumluft oft erheblich.

Das sollten Sie bei der Verwendung von Teppichböden beachten

- Teppichböden aus Chemiefasern können sich elektrostatisch aufladen, wenn sie nicht mit einem Antistatikum behandelt sind.
- Unabhängig von der Fremdstoffbelastung der Raumluft durch Weichmacher etc. bildet der Schaumrücken oft ein ideales Klima für Pilze und Bakterien.
- Für ein optimales Raumklima verwenden Sie idealerweise Teppichböden aus Baumwolle, Wolle, Sisal, Kokos, Ziegenhaar oder Seide ohne Rückenbeschichtung.
- Sämtliche Arten von Naturfaserteppichen nehmen Feuchtigkeit aus der Raumluft auf und geben diese bei niedriger Raumfeuchte wieder ab. Kalkulieren Sie das damit verbundene Schrumpfen und Dehnen dieser Beläge ein.

Klebstoffe für Teppichböden

Im Bauwesen werden Klebstoffe vor allem zum Verlegen von Teppichböden verwendet.

Dispersionsklebstoffe setzen sich aus Klebesubstanzen (auf Basis von Natur- und Kunstharz, Kautschuk und Acrylharz) zusammen und können Konservierungsmittel, Weichmacher und Fungizide beinhalten. In lösungmittelhaltigen Klebstoffen sind meist mehr als 70 Prozent Lösungsmittel (Ketone, Kohlenwasserstoff- und Chlorkohlenwasserstoffverbindungen) zugesetzt. Die durch Klebstoffe verursachten Umwelt- und Gesundheitsprobleme resultieren im Wesentlichen aus ihrem Gehalt an organischen Lösemitteln. Aufgrund eines hohen Lösungsmittelanteiles kann es zu Gesundheitsschäden kommen, daher sollten lösungsmittelarme und wasserlösliche Kleber bevorzugt werden.

Binder von Zweikomponentenklebern enthalten Epoxidharz oder Metacrylsäureester, die giftig oder reizend sind. Epoxidharz steht zusätzlich im Verdacht, Krebs erregende Kunststoffvorstufen (Restmonomere) zu enthalten.

- Wenn möglich sollten beim Verlegen von Teppichböden Alternativen zum Verkleben in Betracht gezogen werden: beispielsweise das Verspannen, Nageln und der Einsatz lösungsmittelarmer Dispersionsklebstoffe.
- Zweikomponentenkleber belasten die Raumluft mehr als Dispersionskleber, deren Kunstharze in Wasser gelöst sind. Beim Abbinden verdunstet dieses Wasser ohne wesentliche gesundheitliche Beeinträchtigung der zukünftigen Bewohner.

- Naturharz-Dispersionskleber (im Bio-Handel erhältlich) sollten Sie nur dort verwenden, wo die Eignung vom Hersteller auch garantiert wird.
- Teppichklebebänder eignen sich bei Naturfaserteppichen weniger, weil diese sich abhängig von der Luftfeuchtigkeit dehnen bzw. zusammenziehen.
- Schwere, eng geknüpfte Teppiche lassen sich auch lose verlegen.

Holzfußböden

Holz am Boden ist wieder „in". Egal ob als Massivparkett oder Fertigparkett, ob als Dielen oder Langparkett (Schiffboden), Holz gilt als heimelig und warm, ist trittelastisch und antistatisch, langlebig und pflegeleicht.
In der „Marktübersicht Parkettböden" der Zeitschrift „Konsument" (8/96) wird festgestellt, dass Fertigparkette dort sinnvoll sind, wo der Unterboden erhalten bleiben soll. Für fast alle Massivparkette muss dagegen eine zusätzliche Unterbodenkonstruktion errichtet werden. Massivparkette bestehen durchgehend aus einer Holzart, die Verbindungsteile Nut und Feder sind ausgefräst bzw. angehobelt. Die Oberfläche wird erst nach dem Verlegen an Ort und Stelle geschliffen und versiegelt oder geölt.
Fertigparkette dagegen bestehen aus mehreren Holzschichten, die jeweils quer zueinander zusammengesetzt sind. Fertigparkette sind schon beim Kauf geölt, man kann sie also unmittelbar nach dem Verlegen benützen.

Versiegeln, imprägnieren oder ölen?

Diese Frage ist vor allem auch in Zusammenhang mit dem Raumklima wichtig. Zu beachten ist, dass die Versiegelung den Holzboden mit einem undurchlässigen, haltbaren Film überzieht, der dann vorhandene „Kunststoffboden" kann allerdings zur Verbesserung des Klimas nichts mehr beitragen. Geölte oder gewachste Böden werden durch Parkettöl, das in den Poren aushärtet, von innen heraus widerstandsfähig gemacht. So bleiben Farbe und Aussstrahlung des Holzes natürlich erhalten.

- Einige Hersteller von Fertigparkett sind schon dazu übergegangen, das Holz mit Wasserlack zu versiegeln. Jedenfalls wirken Lacksysteme, deren Lösungsmittel Wasser ist, unmittelbar nach der Verarbeitung weniger belastend auf die Raumluft.

- Ein sanfte, aber pflegeintensive Art der Oberflächenbehandlung von Holzböden ist das Wachsen. Dabei unterscheidet man tierische (z. B. Bienenwachs), pflanzliche (z. B. Karnaubawachs) und mineralische Wachse (z. B. Zeresin). Diese heute unter ökologischen Gesichtspunkten oft als Alternative zu den synthetischen Lacken genannten Beschichtungen werden nur von einem kleinen Kreis von Anwendern genutzt. Sie verleihen dem behandelten Holz einen stumpfen bis seidenartige Mattglanz, sind jedoch nicht wasser-, hitze- und kratzfest.
- Leinölfirnis als Bodenöl gibt den Holzdielen einen bäuerlich-rustikalen Charakter, ist besonders holzsympathisch und unbedenklich.
- Auch der Naturharzöl-Klarlack ist als Schutz gegen Abnutzung weniger wirksam als herkömmliche Versiegelungen, belastet die Raumluft aber wesentlich weniger.
- Harnstoff- und Melaminharzlacke geben über lange Zeit giftiges Formaldehyd ab.
- Zweikomponentenlacke, Reaktionslacke oder Lacke auf Polyurethanbasis enthalten Isocyanate, die über lange Zeit aus dem Boden ausdampfen und chronisches Asthma auslösen können.

Holzschutzmittel

Holzschutzmittel sind Substanzen, die einer Zerstörung von Holz und Holzwerkstoffen entgegenwirken. Dazu zählt der Schutz vor tierischen und pflanzlichen Schädlingen, aber auch Mittel zur Herabsetzung der Entflammbarkeit. Um einer Vielzahl von Anforderungen gerecht zu werden, wurden entsprechend den verschiedenen Anwendungsbereichen viele unterschiedliche Holzschutzmittel entwickelt. Sie bestehen meist aus Kombinationen verschiedener Holzschutz-Wirkstoffe, die in Wasser oder organischen Lösungsmitteln gelöst sind, weiters aus Netzmitteln, Penetrationshilfsmitteln (da die Wirkstoffe möglichst tief ins Holz eindringen sollen), Fixierungsmitteln, Korrosionsinhibitoren, Farbstoffen, Pigmenten und Bindemitteln.
Man unterscheidet im Allgemeinen wässrige (anorganische) Holzschutzmittel, Steinkohlenteer-Imprägnieröle und davon abgeleitete Carbolineen sowie lösungsmittelhaltige Holzschutzmittel.
Grundsätzlich ist davon auszugehen, dass Holzschutzmittel giftig sein müssen. Ihr Zweck ist die Abtötung holzzerstörender Organismen.
Dass die in den Mitteln enthaltenen Wirkstoffe auch andere Lebewesen

- Anorganische Holzschutzmittel auf Flüssigsalzbasis belasten die Raumluft kaum.
- Heiße Luft aus einem Föhn (mindestens 60 Grad) befreit Dachholz zuverlässig von Holzwürmern. Das ist auch eine amtlich zugelassene Holzschutzmethode.
- Wenn Sie lösungsmittelhaltige Holzschutzmittel kaufen, sollten Sie nach Möglichkeit wasserlösliche Produkte mit deklarierten Inhaltsstoffen auswählen.
- Wenn es Anzeichen dafür gibt, dass in Innenräumen eine zu hohe Schadstoffbelastung durch Holzschutzmittel besteht, sollten Sie eine Analyse der Schadstoffbelastung durchführen lassen.
- Entsprechend den Untersuchungsergebnissen sollten Sie vorrangig die großflächigen Schadstoffquellen beseitigen und durch schadstofffreie Materialien ersetzen.
- Vorsorglich sollten Sie dem Arzt die Untersuchungsergebnisse vorlegen und die Schadstoffbelastung in Blut und Urin untersuchen lassen.
- Belastete Innenräume müssen täglich mehrfach gründlich gelüftet werden.
- Seit Oktober 1998 gilt für Österreich folgende Neuerung: Für Holzbauteile, die in geschlossenen Werkshallen gefertigt werden, kann unter speziellen Produktionsbedingungen auf chemischen Holzschutz verzichtet werden.

Literatur zum Thema

Peter Weissenfeld: Holzschutz ohne Gift. Ökobuch Verlag, Stauffen 1988

Lacke und Farben

Im Internet findet sich folgende Übersicht über die Bestandteile von Lacken und Farben, zusammengestellt vom Bundesministerium für Umwelt, Jugend und Familie (1996):

Farben und Lacke bestehen aus Pigmenten, Füllstoffen, Bindemitteln, Lösungsmitteln und Zusatzstoffen. Vor allem die Lösungsmittel- und Pigmentanteile sind die bedenklichen Komponenten.

Pigmente

Die Größe und Struktur der Pigmentteilchen bestimmen Deckkraft und Farbstärke der Anstrichmittel. Als Pigmente kommen häufig immer noch Schwermetallverbindungen zum Einsatz. Neben der allseits bekannten Giftigkeit von Schwermetallen wie Cadmium und Blei fallen bei der Herstellung von eher unbedenklichen Pigmenten wie Titandioxid, das bei Lacken als weißes Pigment zum Einsatz kommt, riesige Mengen von Dünnsäure an, die trotz zahlloser Proteste von Umweltschutzorganisationen immer noch oft einfach auf hoher See verklappt werden. Als Dünnsäure wird ein Abfallprodukt der chemischen Industrie bezeichnet, das verdünnte Schwefelsäure, Schwermetalle und halogenierte Kohlenwasserstoffe enthält. Eisenoxidpigmente (rot, schwarz und gelb) haben ein sehr gutes Deckvermögen und sind toxikologisch unbedenklich. Blei- und chromathaltige Pigmente hingegen tragen zu einer beträchtlichen Umweltbelastung bei (z. B. Kontamination von Böden unter Stahlkonstruktionen, die mit derartigen Rostschutzanstrichen behandelt worden sind) und können darüber hinaus bei der Anwendung die Gesundheit gefährden.

Füllstoffe

Füllstoffe beeinflussen die Eigenschaften des Lackfilmes (Entflammbarkeit, Wetterechtheit, Abriebfestigkeit). Für Wandfarben und Decklacke wird beispielsweise Talkum verwendet. Weitere Füllstoffe sind Kaolin, Schwerspat, Kreide etc.

Bindemittel

Bindemittel bestimmen die Verarbeitbarkeit und das Härtungsverhalten von Anstrichmitteln. Sie verbinden die Pigment- und Füllstoffanteile. Auch Bindemittel sind nicht unbedenklich, sie werden sogar bei bereits trockenen Anstrichflächen an die Umwelt abgegeben. Nitro- und Alkydharzlacke können einen verhältnismäßig hohen Anteil organischer Lösungsmittel enthalten, zusätzlich müssen sie zur Verarbeitung noch verdünnt werden (wieder mit Lösungsmitteln) – wegen ihrer Auswirkungen auf Gesundheit und Umwelt sollten sie gemieden werden. Natürliche Bindemittel wie Pflanzenharze, -wachse und -öle sowie Bindemittel tierischer Herkunft eignen sich in den meisten Fällen gleichermaßen, erfordern aber eine komplexe Anwendungstechnik und damit verbunden ein generelles Umdenken.

Zusatzstoffe

Die so genannten Lackadditive verbessern die lacktechnischen Eigenschaften. Hier werden u. a. Trockenstoffe, Antihautmittel, Härtungsbeschleuniger, Emulgatoren, Fungizide und Konservierungsmittel unterschieden. Die meisten dieser Substanzen (Schwermetallsalze, Lösungsmittel, Tenside etc.) bringen Umweltprobleme mit sich.

Lösungsmittel

Bestandteile der wichtigsten Lösungsmittel

Lösungsmittel	**Verbindungen**	**Auswirkungen auf den Menschen**
Toluol und Xylol	Aromatische Kohlenwasserstoffe	Kopfschmerzen, Schwindelgefühl, Müdigkeit, Schwächegefühl, Menstruationsbeschwerden.
Terpentinersatz (Testbenzin)	Aliphatische Kohlenwasserstoffe	Reizwirkung auf Schleimhäute, Störungen im Bereich der Atemorgane.
Tetrachlorkohlenstoff	Chlorierter Kohlenwasserstoff	Leber- und nierenschädigend, Übelkeit, Erbrechen, Kopfschmerzen, Schwindel.

Lösungsmittel	Verbindungen	Auswirkungen auf den Menschen
1,1,2-Trichlorethylen	Chlorierter Kohlen-wasserstoff	Übelkeit, Erbrechen, Narkosemittel, im Tierversuch Krebs erregend.
Butanol (Glanzlacke)	Alkohole	Reizungen der Atmungsorgane, Kopfschmerzen.
Aceton (Nitrolacke, Klebstoffe)	Keton	Reizung der Schleimhäute, Narkosemittel.
Methylethylketon (Holzlacke)	Keton	Reizung der Augen und der Magenschleimhaut, Kopfschmerzen.
Methylisobutylketon	Keton	Augen- und Nasenreizungen, Kopfschmerzen.
Ethylacetat (Nitrolacke, Klebstoffe)	Ester	Narkosemittel.

- Die Schadstoffbelastung erhöht sich bei Farben, die mit Terpentin oder Benzin verdünnt werden müssen.
- Bei deckendem Farbanstrich für Holz im Innenbereich sollten keine fungiziden oder insektiziden Zusätze enthalten sein. Besser geeignet sind Naturharz-Buntlacke aus dem Biohandel nach Voranstrich oder wasserverdünnbare Acryllacke.
- Auch klare oder abgetönte Lasuranstriche sollten Sie mit Naturlasur aus dem Bio-Handel oder mit wasserverdünnbarer Holzlasur ausführen.

Übersicht über Wandfarben, Lacke und Holzschutzmittel

Material	Bestandteile	Vorteile	Nachteile
WANDFARBEN			
Dispersionsfarben	Wasser, 1- bis 2-prozentige Lösungsmittel, polymere Bindemittel, Farbpigmente, Pestizide.	Einfach zu verarbeiten, wischfeste Anstriche.	Gering diffusionsfähig, Lösungsmittel dünsten aus. Pestizide werden an die Raumluft abgegeben.
Kalkfarben	Sumpfkalk, Farbpigmente.	Leicht zu verarbeiten. Keine Ausdünstungen, diffusionsfähig.	Nicht wischfest.
Leimfarben	Zelluloseleim (Glutinleim), Kreide, Erdfarbpigmente, Wasser.	Leicht zu verabeiten, wischfest, diffusionsfähig.	Relativ schwache Farben.
Kalkkaseinfarben	Kasein, gelöschter Kalk, Molke, Erdfarbpigmente.	Abwaschbar, für außen geeignet, diffusionsfähig.	
LACKE			
Nitrolacke	Nitrocellulose, Bindemittel, Füllstoffe, Weichmacher, Additive, Farbpigmente, Lösungsmittel.	Leicht zu verarbeiten, trocknen sehr schnell.	Dampfdicht, elektrostatisch aufladbar, Weichmacher und Lösungsmittel dünsten auch über längere Zeit aus. Bei der Herstellung entstehen giftige Nebenprodukte.
Kunstharz-Alkydharzlacke	Alkydharze, Bindemittel, Farbpigmentstoffe, Trockenstoffe, Lösungsmittel.	Leicht zu verarbeiten, trocknen schnell.	Wie bei Nitrolacken.

Material	**Bestandteile**	**Vorteile**	**Nachteile**
Acryl-Dispersionslacke	Wasser, Acryl, Weichmacher, Farbpigmente.	Offenporige Oberfläche, leicht zu verarbeiten.	Weichmacher dünsten aus, bei der Produktion entstehen giftige Nebenprodukte.
Reaktions-Zweikomponentenlacke	Bestehen aus zwei Komponenten: Polyurethanlacke aus Desmophon und Desmodur (enthält das toxische Isocyanat).	Sehr harte, strapazierbare Oberflächen.	Dampfdicht, dünsten monomere Verbindungen aus. Starke elektrostatische Aufladung.
Naturharzlacke	Pflanzliche Öle, Naturharze, Erdfarbpigmente, Balsamterpentinöl.	Einfach zu verarbeiten, ungiftig, harte Oberfläche, weiche Farben.	Trocknen langsam, nicht so dauerhaft wie Kunstharzfarben.
Rostschutzfarben	Blei-Chrom-Verbindung, Bindemittel, Zinkchromat, Lösungsmittel, Farbpigmente.	Einfach zu verarbeiten.	Giftige Schwermetallverbindungen gelangen in die Umwelt, Lösungsmittel dünsten aus.
LACKENTFERNER			
Abbeizer	Methalon, Methylenchlorid, aromatische Kohlenwasserstoffe, Ethylbenzol, Natronlauge.	Farbe lässt sich gut entfernen.	Kann zu Inhalationsvergiftungen führen. Methylenchlorid wird durch offene Flamme in hochgiftiges Phosgen verwandelt.
Abbeizlauge	Natronlauge (Ätznatron).	Farbe lässt sich gut entfernen, Lauge ist biologisch abbaubar.	Starke Lauge, ätzend.

Material	Bestandteile	Vorteile	Nachteile
HOLZSCHUTZMITTEL			
Holzschutzlasuren	Kunstharze, Lösungsmittel, Fungizide, Pestizide, Bindemittel.	Vielseitig anwendbar.	Fungizide und Pestizide geben toxische, zum Teil krebsverdächtige Dämpfe ab.
Holzwurmbekämpfungsmittel	Pestizide, Lösungsmittel		Gibt giftige Dämpfe ab.
Naturharzöllasur	Leinöl, Baumfruchtdestillat, Baumharze, Kräuterextrakte.	Offenporiger Holzschutz, einfach zu verarbeiten, antistatisch, keine giftigen Dämpfe.	
Wachse	Bienenwachse, Pflanzenwachse, Baumharze, Pflanzenöle.	Natürliches Holzpflegemittel, gut zum Nacharbeiten, antistatisch, keine giftigen Dämpfe.	Nicht so feste Oberfläche.
Borsalz	Boraxsalz	Wirkt verlässlich gegen Insekten und Pilze. Für den Menschen nicht so gefährlich wie andere Holzschutzmittel.	Wasserlöslich. Auswaschbar (muss deshalb durch Deckanstrich geschützt werden).

Wärmedämmstoffe

Weitblickende Wirtschaftsfachleute haben es bereits ausgerechnet: In Energiesparmaßnahmen steckt das größte Potential, um mit den Umwelt- und Energieproblemen fertig zu werden. Die zwei großen Energiekrisen der vergangenen Jahrzehnte haben das Bewusstsein auch tatsächlich schlagartig auf die Aspekte einer generellen Energieeinsparung hingelenkt.
Das plakative Schlagwort „Die sauberste und billigste Energie ist die, die man gar nicht braucht!" ist in Bezug auf zusätzliche Wärmedämmung der Gebäude gut zu verstehen.
Wo aber wirken Wärmedämmmaßnahmen besonders?
Neben den Fensterflächen tritt im Durchschnitt der größte Wärmeverlust (25 bis 30 Prozent) beim Einfamilienhaus durch Verluste über das Dach bzw. die oberste Geschossdecke auf. Bei der Außenfassadendämmung von älteren Häusern erreicht man zusätzlich zur angestrebten Energieeinsparung eine höhere Innentemperatur und damit mehr Behaglichkeit. Auch durch Dämmen der Kellerdecke kann erheblich Energie eingespart werden.
Bevor jedoch die Wohnung/das Haus großflächig mit zusätzlichen Stoffen ausgestattet wird, sollten die in Frage kommenden Stoffe auf eventuelle Gesundheitsgefährdungen hinterfragt werden.

Folgende Dämmstoffe stehen zu Auswahl

- PUR-Hartschaumwärmedämmplatten (Polyurethan) werden bevorzugt in Feuchtigkeits- bzw. druckbelasteten Bereichen eingesetzt. Sie verfügen über beste Wärmedämmwerte.
  Manko: Im Brandfall entstehen hochgiftige Dämpfe.
- PUR-Dosenschäume und Ortsschäume reagieren erst am Verarbeitungsort und sind deshalb in der Anwendung gesundheitsbedenklich. In Spezialfällen, beispielsweise was die Vermeidung von Kältebrücken betrifft, sind ihre Eigenschaften allerdings konkurrenzlos. Kältebrücken entstehen zum Beispiel bei Fensteranschlüssen an das Mauerwerk. Solche Schwachstellen müssen sorgfältig verhindert werden, weil dort durch Kondenswasserbildung ein idealer Nährboden für „biologische Luftschadstoffe" wie Schimmelpilzsporen, Bakterien etc. entsteht (schwarze Flecken) ➡ Seite 95 ff.
  Sie sollten derartige Schäume wegen der möglichen Gesundheitsbe-

Dämmstoffe im Überblick

Dämmstoff	Rohstoffquelle	Schadstoffe bei der Herstellung	Schadstoffe bei der Verarbeitung	Belastung in eingebautem Zustand
Polystrol-Partikelschaum	Erdölprodukt, nicht erneuerbare Rohstoffquelle.	Styrol, Treibgase	keine	Styrolabgabe bei fabrikneuen Platten, Handel erst nach mindestens vierwöchiger Lagerung zugelassen.
Polystrol-Extruderschaum	Erdölprodukt, nicht erneuerbare Rohstoffquelle.	Styrol, Treibgase, thermische Verwertung möglich	keine	Biologisch nicht abbaubar; Styrolabgabe bei fabrikneuen Platten, Treibgase.
Polyurethan-Hartschaum	Erdölprodukt, nicht erneuerbare Rohstoffquelle, langer Herstellungsprozess.	Produkte der Chlorchemie, Treibgase	Staubentwicklung beim Schneiden.	Giftige Gase im Brandfall.
Mineralfaser	Rohstoffe sind ausreichend vorhanden, teilweise lange Transportwege.	keine	Faserbruchstücke können sich in der Lunge ablagern.	Faserbruchstücke können sich in der Lunge ablagern.
Zellulosefaser	Verwertung von Altpapier.	keine	zum Teil erhebliche Staubentwicklung.	keine
Kokosfaser	nachwachsender Rohstoff, lange Transportwege.	keine	keine	keine

Dämmstoff	Rohstoffquelle	Schadstoffe bei der Herstellung	Schadstoffe bei der Verarbeitung	Belastung in eingebautem Zustand
Stroh	nachwachsender Rohstoff.	keine	keine	keine
Schilf	nachwachsender Rohstoff.	keine	keine	keine
Kork	nachwachsender Rohstoff, nur beschränkt verfügbar.	keine	eventuelle Formaldehyd-Bitumendämpfe durch Bindemittel oder Imprägnierung.	eventuelle Formaldehyd-Bitumendämpfe durch Bindemittel oder Imprägnierung.
Schafwolle	nachwachsender Rohstoff.	wenige, geringe Abwasserbelastung	keine	keine
Holzfaser	Verwertung von Resthölzern.	Abwasserbelastung	keine	keine
Holzwolle-Leichtbauplatten	nachwachsender Rohstoff.	Umweltbelastung durch die Herstellung der meist mineralischen Bindemittel	keine	keine
Schaumglas	Rohstoffe ausreichend vorhanden.	keine	Geruchsbelästigung beim Schneiden durch Schwefelwasserstoff	keine
Perlite	Rohstoffe ausreichend vorhanden.	keine	keine	keine

Quelle: Natürlich 2/95, VKI, Umweltberatung

lastung bei der Verarbeitung trotzdem nur nach sorgfältiger Überlegung einsetzen.

- EPS-Wärmedämmplatten (Expandiertes Polystyrol, z. B. „Styropor") werden primär mit Kunstoffgitter und Kunstharzputz zu Wärmedämmfassaden verarbeitet. Bei frei liegenden Platten im Innenbereich ist allerdings mit elektrostatischer Aufladung zu rechnen.
- Reiner Kork wird als Plattenware und Korkschrot angeboten. Kork ist als Wärmedämmmittel im Außen-, Innen-, aber auch im Erdbereich einsetzbar. Er verfügt über gute Wärmedämmwerte und lädt sich elektrostatisch nicht auf. Minderwertige oder nachlässig verarbeitete Produkte entwickeln oft einen üblen Eigengeruch. Bei der Herstellung unter zu hohen Produktionstemperaturen können auch Krebs erzeugende Substanzen (polycyclische Aromate) entstehen. Korkplatten werden auch kunstharzgebunden angeboten.
  Für den Innenausbau sind nur rein expandierte Markenprodukte empfehlenswert.
- Schaf- oder Holzwolle, lagenweise mit Wasserglasnebel besprüht, eignet sich vorzüglich zur Dämmung von Hohlräumen. Die Wasserglasbesprühung sorgt für eine geflechtartige, steife Verbindung mit den angrenzenden Materialien und verhindert so Kältebrücken, die durch Absacken des Dämmstoffes entstehen könnten. Schafwolle ist frei von lungengängigen Fasern und wird auch in Form von Wärmedämmmatten angeboten. Es ist zu erwarten, dass die Preise für diesen Dämmstoff sinken werden.
  Wasserglasgebundene Schaf- oder Holzwolle erzeugt im Brandfall kaum Qualm, Rauch und Schadstoffe, ist aber nur in Verbindung mit brandhemmender Beplankung zu empfehlen.
- Reiner Zellulosedämmstoff oder solcher aus aufbereitetem Tageszeitungspapier eignet sich hervorragend zur Dämmung von Hohlräumen. Mit einem Gebläse eingebracht, ergibt es eine passgenaue Wärmedämmung. Eine Abgabe von Schadstoffen aus der Druckerschwärze an die Raumluft ist nicht anzunehmen. Zellulosedämmstoff soll entweder mit Brandschutzmittel (20 Prozent Borverbindung) versehen oder in Verbindung mit brandhemmender Beplankung eingebaut werden.
- Holzwolle-Leichtbauplatten haben eine relativ geringe Wärmedämmfähigkeit. Sie eignen sich aber besonders als Putzträger über anderen Dämmstoffen. Für den Innenausbau sind magnesitgebundene Holzwolle-Leichtbauplatten geeignet.

- Holzfaserdämmplatten werden wegen des guten Dämmwertes für die Dach-, Fußboden- und Wanddämmung eingesetzt. Für den Trittschallschutz sind sie eine echte Alternative zu Kunststoff- oder Mineralfaserplatten.
- Mineralfaserdämmstoffe (Glas- und Steinwolle) sind in Matten, als Platten, aber auch mit Alufolie kaschiert im Handel erhältlich. Rein technisch sind die Produkte überall dort einsetzbar, wo mit keiner Durchfeuchtung zu rechnen ist.
  Speziell im Selbstausbau – sprich im Hobbybereich – könnnen durch künstliche Mineralfasern gesundheitliche Beeinträchtigungen entstehen: Entzündungen der Haut durch mechanische Irritation, allergische Reaktion auf das Bindemittel (Phenolformaldehydharze) und Reizung der Bindehäute. Ein Krebsrisiko durch inhalierbare Fasern in Mineralfaserdämmstoffen wird nicht ausgeschlossen, da bei unsachgemäßem Einbau durch Luftströmung und Vibration Feinstfasern frei werden könnten.

Heizkosten senken durch gute Wärmedämmung

Nicht nur ein milder Winter drückt die Heizkosten. Eine gute Wärmedämmung kann den Energieverbrauch auch bei kaltem Winter erheblich senken – und das Jahr für Jahr. Ein Vergleich in Bezug auf Energieversorgung/-ausnutzung unterschiedlich gebauter Häuser zeigt, wie stark der Energieverbrauch reduziert werden kann.

Planungsstandard	**Energieverbrauch pro Jahr***	**CO_2-Emission pro Jahr**
Standardhaus	90 bis 100 kWh/m^2	durchschnittlich 28,0 kg/m^2
Energiesparhaus	50 bis 90 kWh/m^2	durchschnittlich 19,6/m^2
Niedrigenergiehaus	20 bis 50 kWh/m^2	durchschnittlich 9,8 kg/m^2
Passivhaus	unter 20 kWh/m^2	durchschnittlich 2,8 kg/m^2

** 10 kWh entsprechen einem Liter Heizöl*

Das Standardhaus entspricht dem heutigen Stand der Bauordnungen und stellt die Mindestanforderung an die Wärmedämmung dar.
Das Niveau der Wärmedämmung beim Energiesparhaus repräsentiert die Anforderungen nach den österreichischen (energiebezogenen) Wohnbauförderungen.
Das Niedrigenergiehaus ist der anzustrebende Standard für hoch komfortable und schadstoffarme Häuser, so genannte Drei-Liter-Häuser (bezeichnet den Energieverbrauch pro Quadratmeter). Sie leisten einen wichtigen Beitrag zur Erreichung der Klimaschutzziele, wie z. B. dem Toronto- oder Klimabündnisziel.
Das Passivhaus ist der Standard des nächsten Jahrtausends. Der Energiebedarf beträgt – durch hervorragende Wärmedämmung und eine intelligente Haustechnik mit Wärmerückgewinnung – nur noch rund ein Zehntel im Vergleich zu den Standardhäusern. Ein Passivhaus erfüllt die höchsten Ansprüche an Behaglichkeit und Raumklima. Schadstoffe bei der Energiegewinnung werden praktisch nicht mehr emittiert.

GUTE LUFT IN INNENRÄUMEN

Luftwechsel

Auch in einwandfrei gebauten Häusern ist der Luftaustausch in den Wohnbereichen für die Wohnqualität und Gesundheit der Bewohner von entscheidender Bedeutung.
Der Frischluftbedarf eines Erwachsenen beträgt, nach Ansicht der Hygieniker, je nach Tätigkeit, Temperatur etc. 40 bis 70 m^3 pro Stunde. Jedenfalls sind in einem Raum pro anwesender Person mindestens 15 m^3 Luftraum zu fordern.
Unabhängig vom Frischluftverbrauch durch Atmung und eventuelle Anreicherung der Raumluft mit Schadstoffen durch Baumaterialien, Ausstattungsstoffe und Heizung kommt es zu regional unterschiedlichen Schadstoffbelastungen, wie z. B. durch natürliche Radioaktivität aus dem Boden. Eine wirkungsvolle Verbesserung der Raumluft ist nur durch Austausch der Raumluft möglich.
Grundsätzlich kann der Luftwechsel auf verschiedenste Art erfolgen:

Fensterlüftung

So lüften Sie richtig

- Fensterlüftung soll nur als Stoßlüftung, kurz, aber intensiv erfolgen.
- Lüftungsdauer: fünf bis zehn Minuten bei Durchzugslüftung (Vorsicht, Zugluft kann auf den Organismus nachteilig wirken!), zwanzig bis dreißig Minuten bei einseitig ganz offenem Fenster.
- Unbedingt lüften sollten Sie:
  – morgens, ganz besonders nach Hausputz und Staubsaugen;
  – mittags, vor allem an sonnigen Wintertagen;
  – abends im Schlafbereich vor dem Zubettgehen.
- Sie sollten keinesfalls bei geöffneten Kippflügeln und eingeschalteten Heizkörpern schlafen (Haut und Schleimhäute trocknen dabei extrem aus).

Der Frischluftbrunnen

Wer ein Haus plant und neu baut oder umbaut, sollte an einen Frischluftbrunnen denken. Aus dem Garten wird Frischluft durch eine in frosttiefer Erde verlegte Rohrleitung in den Wohnbereich gesaugt. Die natürliche Kühlung der Luft im Sommer und die Vorwärmung im Winter durch das Erdreich ist – neben der besseren Frischluftversorgung – ein angenehmer, energiesparender Zusatzeffekt.

Mechanische Wärmerückgewinnungsanlage

Bei Niedrigenergiehäusern kann der Wärmeverlust durch die gedämmte Außenhülle bereits niedriger sein als der Wärmeverlust durch den erforderlichen Luftwechsel. Da Wohnungslüftungsanlagen mit Wärmerückgewinnung aus der Abluft einen Anteil von 50 bis 70 Prozent der Wärme zur Anwärmung der Zuluft zurückgewinnen können, sind diese ein ideales Instrument zur weiteren Reduktion des Energiebedarfes von Gebäuden.

Bei einer Wärmerückgewinnungsanlage mit Wärmepumpe wird deren Leistung durch den zusätzlichen Einbau einer Wärmepumpe zur Entwärmung der Abluft und zur Erwärmung der Zuluft eingesetzt. Bei guter Dämmung der Gebäudehülle ist nur noch eine Zusatzheizung bei Außentemperaturen unter 4 Grad Celsius erforderlich. In Bezug auf eine hohe thermische Behaglichkeit ist bei derartigen Anlagen auf eine ausreichende Luftfeuchte zu achten.

Jedenfalls ist aber davon auszugehen, dass der Luftaustausch der beschriebenen Art mit einer mechanischen Anlage keinesfalls die Fensterlüftung ersetzt. Die Fensterlüftung als Stoßlüftung bei einem Wärmestau im Wohnbereich oder bei Ausfall des elektrischen Gerätes bleibt unverzichtbar.

Luftionisation

Ionen sind elektrisch positiv oder negativ geladene Teilchen der Luft. In nicht belüfteten Räumen ist der Gehalt an negativ geladenen Kleinionen praktisch null. Gerade diesen aber werden physiologisch günstige Wir-

kungen zugeschrieben: z. B. Steigerung der Leistungsfähigkeit sowie des Konzentrations- und Reaktionsvermögens.
Obwohl es keine umfassenden Langzeitversuche gibt, sind sich die damit befassten Wissenschaftler weitgehend darüber einig, dass das beim Atmen in sauberer Berg- und Waldluft, in der Nähe von Wasserfällen oder nach einem „reinigenden" Gewitter empfundene subjektive Wohlbefinden nicht nur auf die Sauberkeit dieser Luft zurückzuführen ist, sondern auch auf das natürliche Ionengleichgewicht in ihr.
Versuche mit Ionengeneratoren haben ergeben: Negativ-Ionisierung der Raumluft sorgt für eine Extraaufladung von Staub-, Schwebeteilchen und Mikroben. Durch elektrostatische Anziehungskräfte sinken sie zu Boden und können aufgesaugt werden. Luftverunreinigungen lassen sich so beträchtlich reduzieren.
Fast alle Forschungsergebnisse deuten darauf hin, dass sich mit Hilfe einer negativen Ionisierung der Luft ein günstiger Effekt zur „Sanierung" der Raumluft erzielen lässt.
Entsprechende Experimente haben gezeigt, dass der Kontakt mit hohen Negativ-Ionen-Konzentrationen die Aktivität der Flimmerhärchen in den Bronchien erhöht und damit für einen rascheren Abtransport der Schmutzpartikel nach außen sorgt.

BEHAGLICHKEIT IN DEN EIGENEN VIER WÄNDEN

Neben der hygienischen Beschaffenheit der Luft ist für eine naturintegrierte Wohnumwelt die thermische Umwelt in Räumen eine der wichtigsten Säulen für die Aufrechterhaltung und die Wiedererlangung der Gesundheit des Menschen.
Die klimatische Umgebung ist für die Entstehung und Entwicklung aller Lebewesen entscheidend. Jeder, der sich mit der Tier- und Pflanzenwelt auseinander setzt, weiß, wie schwer es ist, Lebewesen unter klimatischen Bedingungen zu halten, die nicht den natürlichen thermischen Verhältnissen entsprechen.
Viele Gattungen sind überhaupt nicht verpflanzbar, manche bezahlen die Klimaänderung mit extrem verkürzter Lebenserwartung.
Die Menschen sind Lebewesen, die aus tropischen und subtropischen Klimaten stammen. Unsere Wärmeregulationsmechanismen weisen darauf eindeutig hin. Diese körpereigenen Regelsysteme dienen dazu, die Körpertemperatur auf einem Wert von ca. 37 Grad Celsius zu stabilisieren. Solche Mechanismen, wie die Verengung oder Erweiterung von Blutgefäßen oder der Schweißausbruch, sind nur zum Ausgleich von kurzzeitigen Schwankungen der Körperkerntemperatur geeignet. Andauernde einseitige Beanspruchung belastet die Gesundheit erheblich.
An strahlenden Sommertagen im Hochgebirge, an Meeresküsten in Mitteleuropa oder in tropischen und subtropischen Lagen übersteigt die Temperaturstrahlung die eigentliche Lufttemperatur in Bodennähe wesentlich. Diese Temperaturstrahlung (Infrarotstrahlung) wird einerseits von der Sonne geliefert, wobei die Lufthülle der Erde bevorzugt Infrarot zwischen 36 und 42 Grad Celsius durchlässt, und andererseits von den in der Sonne erwärmten, bodennahen Gegenständen abgestrahlt. Dieses Klima führt zu einer nahezu ausgeglichenen Strahlungsbilanz bei warmblütigen Lebewesen, bei denen die Körpertemperatur ebenfalls im erwähnten Temperaturbereich liegt.
Unter diesen entspannenden, angenehmen klimatischen Bedingungen kommt es unter anderem zu einer erheblichen Verbesserung der Durch-

blutung von Haut, Muskeln und Organgeweben, des Zellstoffwechsels und zu einer Verkürzung der Erholungszeiten.
Was nichts anderes heißt, als dass jene, die ähnliche gesundheitsfördernde Klimavoraussetzungen in ihren Wohnräumen schaffen möchten, darauf achten müssen, dass die mittleren Temperaturen von Wand, Decke und Fußboden die Raumlufttemperatur erheblich übersteigen.

Strahlende Wärme oder erwärmte Raumluft?

Seitdem im vergangenen Jahrhundert die Warmwasserheizung erfunden wurde, hat sich die Klimatechnik vor allem auf die Erwärmung der Raumluft und damit auf die Steuerung der Lufttemperatur konzentriert. Die schon sehr früh erkannte Bedeutung der Wärmestrahlung (römische Flächenheizung) wurde weitgehend außer Acht gelassen. Im Bewusstsein des Menschen ist die „erwärmte Raumluft“ zur anerkannten Maßeinheit für das Wärmeempfinden geworden. Die Information, ob es warm genug in unseren Wohnräumen ist, holt er sich vom Raumluftthermometer. Die Frage, ob die Raumlufttemperatur mit 20 oder 23 Grad Celsius angenehm ist, sorgt nach wie vor, nicht nur im Familienkreis, für heftige Diskussionen. Die in Normen erfasste erforderliche Raumlufttemperatur ist noch immer Basis der Heizungstechniker für die Wärmebedarfsberechnung von Bauwerken.
Tatsächlich ist es aber so, dass für eine thermische Behaglichkeit das Zusammenwirken von baulichen Voraussetzungen gemeinsam mit dem individuell dazu abgestimmten Heizverfahren verantwortlich ist.
Der Wissenschaftler W. Frank hat schon 1975 im „Bauforschungsheft Berlin“ die „Umschließungsflächentemperaturen“ als „primären und dominierenden Faktor für die thermische Behaglichkeit des Menschen“ bezeichnet.
Diese Bedingungen können nur durch Verwendung von „warmen“ Bau- und Ausstattungsstoffen im Innenbereich gemeinsam mit Niedertemperatur-Flächenstrahlungsheizungen erfüllt werden. Eine Erhöhung der Umgebungsflächentemperatur ermöglicht ohne Komforteinschränkung eine Absenkung der Raumlufttemperatur um bis zu sechs Grad.

Die Formel der Behaglichkeit

Ein Buch lesen, ein gutes Glas Wein vor sich und in einem bequemen Ohrensessel die angenehme, sanfte Wärmestrahlung des Kamins fühlen: Das mag für viele der Inbegriff von „Behaglichkeit" sein.
Manchen wäre statt des Lesens das gemütliche Rauchen einer Pfeife lieber, andere würden es vorziehen, sanfte Musik zu hören: Geschmack, Gewohnheit, Vorstellung, persönliches Erleben – all das ist so individuell wie der Mensch selbst.
Das trifft auch für das Empfinden im Bereich der thermischen (wärmeabhängigen) Behaglichkeit zu. Der Mensch versucht durch Erwärmen der Raumlufttemperatur ein auf ihn abgestimmtes, wärmebehagliches Raumklima herzustellen.
Für den Wärmehaushalt des Menschen und seine Behaglichkeitsempfindung sind aber Kriterien wie Oberflächentemperatur von Wand, Boden und Decke, die mittlere Strahlungstemperatur, die Luftströmungsgeschwindigkeit und die Luftfeuchtigkeit deutlich wichtiger als die Raumlufttemperatur.
Das sind Kriterien, deren Wechselwirkungen DI Franz Neubauer* von der TU Graz in Zusammenarbeit mit der einschlägigen Industrie sorgfältig untersucht hat. Dabei hat sich herausgestellt: Die thermische Behaglichkeit ist messbar, ja sogar vorausbestimmbar!

Aus der Sicht der Mediziner

Der Arzt, Forscher und Autor des Buches „Angewandte Bioklimatologie mit modernen, naturnahen Heilmethoden", Dr. Wilhelm Ledwina, hat die Anforderungen an ein gesundes, behagliches Raumklima aus der Sicht der Mediziner klar formuliert:

- Raumtemperatur: 15 bis 19 Grad Celsius
- Strahlungstemperatur der Umschließungsflächen (ohne Fenster): 26 bis 33 Grad Celsius
- Temperaturunterschied innerhalb eines Raumes kleiner als 2 Grad Celsius
- Luftströmungsgeschwindigkeit: kleiner als 0,2 m/sec

---

* DI Franz Neubauer, Institut f. Raumgestaltung, TU Graz, Rechbauerstraße 12, A-8010 Graz, Tel.: 0043/316/873-0

Die Arbeiten von Dr. Wilhelm Ledwina zum Strahlungsklima liefern heute einen wichtigen Beitrag zur Behandlung einer Reihe chronischer Erkrankungen. Im Gegensatz zu seinen Anforderungen an das behagliche Raumklima ist zur Erzielung therapeutischer Erfolge die Strahlungstemperatur der Umschließungsflächen noch weiter (bis 38 Grad Celsius) anzuheben, wobei die Lufttemperatur abgekühlt bleibt. An Fallbeispielen hat der Arzt die Erfolge derartiger Therapien nachgewiesen.
Auch für den Hygieniker und Arbeitsmediziner Dr. Ludwig Terhaage sind die Temperaturen der Umschließungsflächen wie Wände, Decken und Böden für ein thermisch behagliches Milieu wichtiger als die Raumlufttemperatur. „Das Raumklima hat eine beachtliche hygienische Bedeutung. Von ihm hängen Befinden, körperliches wie geistiges Leistungsvermögen und Gesundheit ab. Beste Bedingungen dafür bietet gewöhnlich ein Umgebungsklima mit allgemeiner thermischer Behaglichkeit für den Körper. Dafür bedarf es einer bestimmten Raumtemperatureinstellung. Die Umschließungsflächentemperaturen sind dabei wichtiger als die Lufttemperatur."
Besonders intensiv hat sich Terhaage mit der Wärmeabgabe (Infrarotabstrahlung) des Körpers an kühle Wand-, Boden- und Deckenflächen beschäftigt. Man kann, stellt er fest, selbst bei einer Raumlufttemperatur von 25 Grad Celsius frieren, wenn störende Kaltflächen vorhanden sind.

So sorgen Sie für mehr „Wandwärme"

- Der Einsatz von dämmenden Bau- und Ausstattungsstoffen oder das Aufstellen eines Paravents in geringer Entfernung von Kaltflächen hilft bereits.
- Thermische Unbehaglichkeit durch Fenstertemperaturen können Sie durch dicke, gefütterte Vorhänge ausgleichen.

In einem Punkt sind sich die Mediziner einig: Thermische Behaglichkeit und optimale Raumklimaanpassung an den Menschen sind kein Luxus, sondern eine Voraussetzung für Wohlbefinden, körperliches wie geistiges Leistungsvermögen und Gesundheit. Sie fordern völlig andere thermische Bedingungen als jene, die in den meisten Räumen heute vorherrschen.
Noch immer sehen viele Bau- und Heizungsfachleute in der thermischen Behaglichkeit eine ausschließlich subjektive Empfindungsgröße.
Der Forderung nach deutlicher Temperaturdifferenz zwischen wärmerer Umschließungsflächentemperatur und kühlerer Raumlufttemperatur wird

in der Praxis kaum entsprochen. Auch deshalb, weil Bauunternehmen und Heizungsbauer ihre Arbeiten zwar gut und ordentlich ausführen, aber ohne sich untereinander abzustimmen. Ob es insgesamt zu der gewünschten Behaglichkeit kommt, bleibt häufig dem Zufall überlassen.

So verbessern Sie Ihr Raumklima

- Das Einatmen von kühlerer Luft und das Ausatmen der im Körper erwärmten Luft ist ein wesentlicher Beitrag zu einem thermischen Gleichgewicht unseres Körpers.
- Vermeiden Sie Zugluft, sie kann zu totaler Unbehaglichkeit führen. Luftströmungen im Raum haben verschiedene Ursachen: Einerseits kann durch Bauteilfugen Luft eindringen und den Raum durchdringen, andererseits können durch unterschiedliche Oberflächentemperaturen Luftströmungen im Haus entstehen.
- Eine ausgeglichene Raumluftfeuchte spielt besonders aus raumhygienischer Sicht eine große Rolle. Baumaterialien und Dämmstoffe, die in der Lage sind, den Wasserdampf, der durch Wäschewaschen, Duschen und Kochen stoßartig erfolgt, aufzunehmen, zu speichern und später wieder abzugeben, sind bei den heutigen Lebensgewohnheiten von enormer Bedeutung. Eine solche feuchteausgleichende Wirkung schützt Haut, Lunge und Schleimhäute.
- Eine zu hohe Luftfeuchtigkeit bei großer Wärme (Schwüle) kann durch Zunehmen der Pulsfrequenz zu Kreislaufbelastungen führen.
- Während der Heizperiode sollte die relative Luftfeuchtigkeit → Seite 146 nicht unter 30 Prozent absinken.
- Gutachten über den thermischen Behaglichkeitszustand mit Aufschlüsselung der Messwerte für die wesentlichen Parameter Raumlufttemperatur, mittlere Strahlungstemperatur, Oberflächentemperaturen, Luftströmungsgeschwindigkeit, Luftfeuchtigkeit und Abschätzung der Strahlungstemperatur-Asymmetrie mit schriftlichen Verbesserungsvorschlägen erstellt beispielsweise das Institut von DI Neubauer (Adresse siehe Seite 133).

Heizungssysteme

Rund 75 Prozent der in Privathaushalten verwendeten Energie frisst die Heizung. Es muss jedoch nicht gleich ein neues Niedrigenergiehaus sein, um diese Kosten um bis zu 60 Prozent zu senken. Konsequente Neu- und Umplanung, optimale Dämmung sowie innovative Heiz- und Lüftungstechniken erzielen erstaunliche Spareffekte.
Wärme und Behaglichkeit sind untrennbare Bestandteile von Wohnqualität. Ökonomische und ökologische Aspekte beim Heizen sind in den letzten Jahren verstärkt in den Mittelpunkt gerückt. Heizkessel der neuesten Generation sparen Energie und Geld. Und sie schonen die Umwelt. Vor allem ältere Heizanlagen verursachen oft – neben überdurchschnittlich hohen Reparatur- und Wartungskosten – einen weit höheren Energieverbrauch als notwendig. Studien zeigen auf, dass sich für eine Emissionsreduktion nicht primär die Wahl des Energieträgers als ausschlaggebend erweist, sondern der Stand der Technik einer Heizungsanlage. Vor allem die höheren Jahresnutzungsgrade sind für die Energieeinsparung verantwortlich.

Einsparpotential durch technischen Fortschritt

Der Jahresnutzungsgrad der Heizkessel konnte laut einer Studie der „Arbeitsgemeinschaft Individuelle Wärme“ in den letzten 25 Jahren deutlich erhöht werden:

- bei festen Brennstoffen von 46 auf 76 Prozent
- bei Öl von 56 auf 88 Prozent
- bei Gas von 59 auf 91 Prozent

Das aufgrund des technischen Fortschritts zu erzielende Einsparungspotential ist umso bedeutender, als in Österreich rund 40 Prozent des Gesamtenergieverbrauchs für die Erzeugung von Wärme, inklusive Warmwasserbereitung, aufgewendet werden.
So arbeitet die Heizkessel-Industrie an Technologien, die Heizkosten sparen, ohne dass dies auf Kosten des Heizkomforts und schon gar nicht auf Kosten der Umwelt geht. Werner Windhager, Inhaber und Geschäftsführer von Österreichs größtem Heizkesselhersteller: „Energie ist ein kostbares Gut. Für die Kunden war früher vor allem der Preis der kaufentscheidende Faktor. Nun werden verstärkt Neben-, Wartungs- und vor allem Betriebskosten ins Kalkül gezogen.“

Förderung des Heizkesseltausches

Die Bedeutung der Modernisierung von Altanlagen rückt vermehrt auch ins politische Bewusstsein. Denn ein flächendeckender Kesseltausch bringt, betrachtet man den gesamten Energieverbrauch für Industrie, Verkehr und Heizung, eine Energieeinsparung von rund 5 Prozent. Im Bereich der Raumwärme und der Wassererwärmung könnten sogar 13 Prozent eingespart werden. Außerdem: Werden veraltete oder falsch dimensionierte Kessel modernisiert, bedeutet das in Österreich z. B. für die Umwelt einen um 2,2 Millionen Tonnen verringerten CO_2-Ausstoß.
Auch betriebs- und volkswirtschaftliche Argumente sprechen für den Kesseltausch: Würden in den nächsten zehn Jahren 100 Prozent aller veralteten Anlagen zu Finanzierungskosten von 9 Prozent getauscht, stünde ein Investitionsvolumen von 38 Milliarden Schilling zur Verfügung. Rund 5.000 zusätzliche Arbeitsplätze in diesem Wirtschaftszweig könnten zusätzlich geschaffen werden.

Einzelofen vs. Heizungsanlage

Im Wesentlichen unterscheiden die Fachleute Einzelöfen und, den Bedürfnissen nach Komfort und Automation entsprechend, Heizungsanlagen, die aus den Komponenten Wärmeerzeugung, Wärmeverteilung und Wärmeabgabe bestehen.
Einzelöfen werden fast immer direkt von Wohnräumen aus befeuert, was für wohlig-warme Wohnatmosphäre sorgt.

Das sollten Sie bei der Verwendung von Einzelöfen beachten

- Die Flammen verbrauchen Sauerstoff. Bei unvollkommener Verbrennung können Reiz- und sogar Stickgase entstehen. Sorgen Sie daher für eine gute Lüftung ➞ Seite 127 der Wohnräume.
- Sind die Fenster zu gut abgedichtet, zieht der Ofen oft nicht.
- Einige große Kieselsteine auf der oberen Abdeckplatte eines eisernen Ofens verwandeln einen großen Teil der hohen Strahlungs- und Konvektionswärme in niedrige Kachelofenstrahlungswärme.
- Kachelöfen, im Zentrum des Wohnbereiches, können so leistungsstark dimensioniert werden, dass man, mit zweimaligem täglichen Nachlegen, ganze Wohnungen und Häuser damit beheizen kann.
- Nur wenn sie in schwerer oder mittelschwerer Bauart ausgeführt sind, sorgen Kachelöfen bei niedriger Oberflächentemperatur für angenehmes Strahlungsklima.

- Gemauerte Öfen regen zu einer individuellen, künstlerischen Gestaltung an. Manche Künstler haben sich auf die Gestaltung solcher Öfen spezialisiert. Funktionell gilt das Gleiche wie bei Kachelöfen.
- Der offene Kamin dient mehr zur Gestaltung als zur Beheizung von Räumen.

Das sollten Sie beachten, wenn Ihre Wohnung mit einer Heizungsanlage beheizt wird

- Bei Heizungsanlagen mit getrennter Wärmeerzeugung, Wärmeverteilung und Wärmeabgabe sollte es sinnvollerweise so sein, dass das Heizgerät selbst in nicht für Wohnzwecke genutzten Räumen untergebracht ist. Auch hier ist ausreichende Zuluft wichtig.
- Die Steuerung des Wärmeverteilers soll immer durch Beimischung von Rücklaufwasser und nicht durch Mengenregelung erfolgen.
- Radiatorenheizungsanlagen sind fast immer für die Erwärmung der Raumluft ausgelegt. Sie sind sehr reaktionsschnell, belasten aber bei hohen Vorlauftemperaturen das Raumklima durch Staubaufwirbelung, Staubverschwelung und Austrocknen der Raumluft erheblich.
- Neue Radiatorenheizungsanlagen sollten Sie nur mit Niedertemperaturradiatoren bzw. Niedertemperaturplatten-Paneelen ausstatten. Beide geben Wärme durch Strahlung ab.
- Fußbodenheizungen sind überall dort besonders geeignet, wo fußkaltes Bodenmaterial wie Kalksandsteinplatten, keramische Fliesen etc. verlegt sind.
- Fußbodenheizungen sind ohne Zusatzheizung nur dann geeignet, wenn diese in der Lage sind, den Wärmebedarf der Räume mit niedriger Fußbodenoberflächentemperatur (jedenfalls einige Grad Celsius unter unserer Körpertemperatur) zu beheizen. Bei höheren Oberflächentemperaturen besteht die Gefahr von Venenerkrankungen.
- Wandheizungen sind wegen ihrer flexiblen Regelbarkeit eine ideale Ergänzung zum Kachelofen, zur Fußbodenheizung, aber auch zu Wintergärten bei Solarhäusern. Bei Verwendung von „warmem" Wand- und Bodenmaterial reichen sie auch als einzige Wärmequelle. Mit Wandheizungen gelingt es besonders gut, in Räumen mit niedrigen Raumlufttemperaturen strahlende Wärmezonen mit hohem Regenerationswert zu schaffen.

Wärmespeicherung

Die Bedeutung und der Wert der Wärmespeicherung in unseren Wohnungen ist in der temperaturausgleichenden Wirkung zu sehen. In Bezug auf Gesundheit und Behaglichkeit gilt das weniger für die Verhältnisse im Winter, sondern mehr für das Raumklima unter sommerlichen Bedingungen.

Dr. Ing. Helmut Künzel, wissenschaftlicher Mitarbeiter des Fraunhofer-Institutes für Bauphysik, stellt klar, dass es dabei generell auf die Speicherfähigkeit der innen liegenden Bauteile ankommt, weniger auf jene der Außenwände. Tatsächlich bestätigt die Praxis, dass gut dämmende Außenwände in Verbindung mit massiven Bauteilen im Zentrum der Wohnung (Kachelofen etc.) bei guter Durchlüftung in der Nacht gut vor sommerlicher Überwärmung der Räume sorgen. Leichtbauwände ohne den speichernden Kern schaffen ein belastendes, unangenehmes „Barackenklima".

Sowohl Dr. Ing. Helmut Künzel wie auch Prof. Dr. Ing. Gerd Hauser von der Gesamthochschule Kassel stellen fest, dass der Einfluss der Wärmespeicherfähigkeit von Gebäuden auf den Heizenergieverbrauch gering ist.

TRINKWASSER

Was ist Trinkwasser? Es ist – laut Österreichischem Lebensmittelbuch – „Wasser, das in natürlichem Zustand oder nach Aufbereitung geeignet ist, vom Menschen ohne Gefährdung seiner Gesundheit ein Leben lang genossen zu werden, und das geruchlich, geschmacklich und dem Aussehen nach einwandfrei ist".

Trinkwasser muss frei von Krankheitserregern sein und darf keine Stoffe enthalten, die die Gesundheit des Abnehmers beeinträchtigen. Leider sind diese Anforderungen in einer belasteten Umwelt nicht mehr so ohne weiteres zu erfüllen. Mit manchen Fremdstoffen kommen die bekannten Wasseraufbereitungsanlagen nicht mehr zurecht.

Vor 40 Jahren war Nitrat im Grundwasser noch überhaupt kein Thema. Heute sprechen Hygieniker in Zusammenhang mit Trinkwasser davon, dass es sich bei Nitrosaminen – Abbauprodukten von Nitrat – um Substanzen handelt, die zumindest im Tierversuch Krebs auslösen können.

Das Nitratproblem ist dabei nur ein einziges Beispiel mit einer einzigen chemischen Verunreinigung als Basis. Und es kommen noch viele andere mögliche Schadstoffe hinzu.

Wer also auf Nummer Sicher gehen möchte, sollte sich über eine private Trinkwasseraufbereitung den Kopf zerbrechen, wobei jeder für sich entscheiden muss, ob das bei Anschluss an die öffentliche Trinkwasserversorgung notwendig ist.

Entscheidungskriterium könnte z. B. das Material der hauseigenen Wasserleitung sein. Empfehlenswert sind Filtergeräte aber auf jeden Fall für Benutzer eigener Brunnen (Hauswasserwerke).

Grundsätzlich muss zwischen physikalischer und energetischer Aufbereitung unterschieden werden. Beide Verfahren haben auf Grund der unterschiedlichen Ansätze ihre Gegner und Verfechter.

Literatur zum Thema

Otto Klee: Angewandte Hydrobiologie. Trinkwasser, Abwasser, Gewässerschutz. Thieme Verlag, Stuttgart 1991

Gabriele Heber: Einfache Methoden für die Aufbereitung von Trinkwasser. Vieweg, Wiesbaden 1984

Rolf Seyfarth, Klaus J. Soine: Kleines Lexikon zur Trinkwasserbeschaffenheit. Oldenbourg, München 1997

Klausdieter W. Roennefahrt: Nitratentfernung aus dem Trinkwasser. Expert Verlag, Renningen 1992

Neue Krankheiten durch Trinkwasser. Gefahrenquellen – Klinik – Prävention. Ecomed Verlag, Landsberg 1992

Wasser aus dem eigenen Brunnen

Die häufigsten Mängel bei Hausbrunnen sind

- Nicht dicht schließender Einstiegsdeckel, ungeeignetes Material. Abhilfe: Edelstahldeckel mit Gummidichtung.
- Fehlende Absperrmöglichkeit des Einstiegsdeckels.
- Fehlende engmaschige, korrosionsbeständige Insektenschutzgitter beim Lüftungsschlitz.
- Mangelnder Rostschutz der Eisenteile.
- Undichtheiten bei Rohr- und Kabeldurchführungen.
- Brunnenschacht liegt nicht hoch genug über dem Gelände.
- Oberflächenwasser kann in den Brunnen gelangen.
- Im Luftraum des Brunnens befinden sich Holzteile; diese sollten unbedingt entfernt werden.
- Schachtringe sind wegen mangelnder Abdichtung für Trinkwasserbrunnen ungeeignet.
- Bei gemauerten Brunnen sind Fugen und Schäden am Verputz mögliche Verkeimungsherde.

Nitratbelastung des Trinkwassers

Wer sein Trinkwasser aus dem eigenen Brunnen schöpft, ist häufig mit dem Problem der Nitratbelastung des Wassers konfrontiert.

Besonders in Regionen mit viel Landwirtschaft, Weinbau und Massentierhaltung liegen die Nitratwerte im Trinkwasser – verursacht durch das Einsickern der Düngemittelrückstände – oft um ein Vielfaches über dem erlaubten Wert. Wobei Nitrat an sich wenig giftig ist, allerdings kann im Körper daraus Nitrit enstehen, das bei Kleinkindern Blausucht auslöst. Ein weiteres Abbauprodukt – die Nitrosamine – stehen im Verdacht, Krebs erregend zu sein. Nitrat im Trinkwasser kann man mit Teststreifen nachweisen.

Die folgenden Grenzwerte stellen sowohl für Säuglinge bis zum ersten Lebensjahr als auch für Erwachsene wissenschaftlich gut abgesicherte

Erfahrungswerte dar. Die kurzfristige, mäßige Überschreitung ergibt keine gesundheitliche Gefährdung.

- Nitratwert unter 50 mg/l Wasser: Das Wasser können Sie ohne besondere Vorkehrungen trinken und nutzen.
- Nitratwert zwischen 50 und 100 mg/l Wasser: Für die Herstellung von Säuglingsnahrung gesundheitlich bedenklich.
  Um Säuglingsnahrung herzustellen, sollten Sie das Wasser nur kurzzeitig oder nach Mischen mit kohlesäurearmem Tafelquellwasser oder sonstigem nitratarmen Wasser verwenden. Für Erwachsene ist es aber durchaus noch verwendbar.
- Nitratwert über 100mg/l Wasser: Für Säuglinge bis zum ersten Lebensjahr ist solches Wasser gesundheitsgefährdend, daher nicht zur Herstellung von Säuglingsnahrung geeignet. Auch für Erwachsene ist es nicht ratsam, obwohl bei kurzfristiger Überschreitung des Grenzwertes eine gesundheitliche Schädigung nach bisherigen Erfahrungen nicht zu erwarten ist. Wasser mit derartigen Nitratwerten kann allerdings ohne Bedenken für die Reinigung von Obst, Gemüse und Geschirr, zur Körperreinigung, Bewässerung des Gartens etc. genutzt werden.

FEUCHTEHAUSHALT

Baufeuchte

Feuchte oder gar nasse Wände tragen weder zur Behaglichkeit noch zur Gesundheit bei, im Gegenteil. Allerdings ist das Feuchtigkeitsverhalten eines Hauses nicht allein eine Frage der Umwelt, sondern primär eine der Eigenschaften der verwendeten Baustoffe.
So werden in ein konventionell errichtetes Einfamilienhaus bis zu 80.000 Liter Wasser „eingebaut", die Austrocknungszeit beträgt bis zu drei Jahren und mehr.
Bewohner sind dann – etwa beim vorzeitigen Einzug – in einer ähnlichen gesundheitlichen Lage wie beim Tragen von nassen Kleidern. Nasse Wände verursachen nicht nur Rheuma, Ischias und Asthma, sondern auch bakterielle Entzündungskrankheiten. Darüber hinaus erhöht die Wandfeuchte, besonders durch Verdunstungskälte und die höhere Wärmeleitung feuchter Baustoffe, den Energiebedarf um bis zu 25 Prozent.

Austrocknungsdauer verschiedener Materialien

Material	**Austrocknungsdauer**
Ziegel	ca. 252 Tage
Kalksandstein	ca. 1.080 Tage
Gasbeton	ca. 1.080 Tage
Bimsbeton (Hohlblock)	ca. 1.260 Tage
Beton	ca. 1.440 Tage

Quelle: „Fernlehrgang Baubiologie", Herausgeber: Institut für Baubiologie und Ökologie, Neubeuern

Nach Angaben der Zementindustrie kann „bei guter Beheizung und Lüftung in Neubauten aus Mauerwerk" die erhöhte Feuchtigkeit – „je nach Baustoff und Anfangsbedingungen" – im Wesentlichen in ein bis zwei Jahren abgegeben sein.

So minimieren Sie die Baufeuchte

- Beim Hausbau sollten Sie bemüht sein, die Rohbauarbeiten möglichst zügig voranzutreiben und das Haus rasch einzudecken.
- Baustoffe müssen auf der Baustelle vor Durchfeuchtung geschützt gelagert werden.
- Die Bauzeit sollten Sie so legen, dass der Rohbau im Winter austrocknen kann.
- Wenn Sie den Neubau rasch beziehen möchten, sollten Sie möglichst trockene Innenausbaustoffe verwenden (Gipskarton, Trockenestrich etc.).

Wohnfeuchte

Durch die Feuchtigkeitsabgabe der Menschen, durch Kochen, Waschen etc. entsteht Feuchtigkeit, die die Fachleute zusammengefasst als Wohnfeuchte bezeichnen. Diese (verbrauchte) Feuchte muss und kann nur durch Lüften ➟ Seite 127 nach außen abgeführt werden. Andererseits kann frische Feuchte – durch Abgabe von Pflanzen, durch Aufhängen frisch gewaschener Wäsche etc. – erheblich zur Raumklimaverbesserung beitragen.

Luftfeuchte

Die Luft nimmt, abhängig von der Höhe der Temperatur, eine bestimmte Menge an Wasserdampf auf. Übermäßig feuchte Luft kann nicht nur als drückend schwül empfunden werden, meistens ist sie auch „verbraucht“ und sorgt für die Verbreitung von Mikroorganismen. Zu trockene Luft dagegen führt zum Austrocknen von Haut und Schleimhäuten, zu kratzigem Gefühl im Hals etc. Bei einer Raumtemperatur von 18–20 Grad Celsius empfindet der Bewohner 40–60 Prozent relative Luftfeuchtigkeit als angenehm.

LÄRM, LICHT UND STRESS

Ton, Klang und Schall

Im Beruf, in der Freizeit, im Haushalt, auf der Straße, sogar in der Natur: Verkehrslärm, Baulärm, Flugzeuge und Polizeisirenen verursachen ein Lärmgemisch, das unterbewusst Stress mit all seinen Auswirkungen auf die Gesundheit erzeugt. Hupende Autos, schreiende Menschen, quietschende Reifen: Ständig werden Alarmreaktionen ausgelöst, die der Körper nicht in Aktivität umsetzen kann.
In der Fachliteratur werden immer wieder Beispiele für vegetative Schäden durch Lärmentwicklung angeführt: So wurden Versuchspersonen ohne Gehörschutz neben eine Motorsäge mit 90 dB(A) gestellt und gleichzeitig medizinisch untersucht. Dabei wurden erhebliche Kreislaufstörungen festgestellt: halbiertes Herzschlagvolumen und gleichzeitiges Ansteigen des Blutdrucks in einen bedenklichen Bereich.
An Tierversuchen wiederum hat sich gezeigt, dass Langzeitbeschallung zu Arterienverkalkung führen kann.
Die Geräusch- und Lärmtabelle auf Seite 148 beschreibt die auf uns einwirkende Schallintensität.
Aus dieser Tabelle kann man fünf Bereiche nach ihren Wirkungen unterscheiden:
0–30 dB(A): Störende Wirkung auf Kranke und lärmempfindliche Menschen.
30–60 dB(A): Belästigende Wirkungen psychischer Natur, die nahezu jeden betreffen.
60–90 dB(A): Gefährdung der Gesundheit durch psychische Wirkungen und solche auf das vegetative, also nicht dem Willen unterworfene Nervensystem.
90–120 dB(A): Zusätzlich das Ohr schädigende Einwirkung.
über 120 dB(A): Zerstörung der Gesundheit durch psychische, vegetative und spezifisch das Ohr schädigende Einwirkung.

Schallintensität verschiedener Geräusche

dB(A)*	**Geräusch**
20	Flüstern
30	Tropfender Wasserhahn
40	Leise Unterhaltung
45	Kühlschrank
50	Regen
60	Normales Gespräch und Vogelzwitschern
70	Waschmaschine, Staubsauger
80	Stadtverkehr; Streitgespräch, Cocktailparty
90	Autobahn, schreiendes Kind
100	Laute Motorengeräusche
110	Rockkonzert, Diskothek
120	Lauter Donner, Presslufthammer
130	Flugzeug beim Start
150	Düsenjäger beim Durchbrechen der Schallmauer
180	Raketentriebwerke
200	Geräuschwaffen

Wie sehr allerdings harmonisch zusammengestellte Töne selbst bei chronisch kranken Patienten für Entspannung sorgen, hat der deutsche Musiktherapeut Dr. Gotthard Marschner durch Reihenversuche belegt. Während des Abspielens klassischer Musikstücke diagnostiziert er eine völlige Beruhigung von Atem und Puls, erhebliche Verbesserungen der Leitwerte der körpereigenen Ströme sowie die Aktivierung von blockierten Körpermeridianen.

Angewandter Schallschutz

Bei der Schallfortleitung unterscheiden Fachleute in Luft- und Körperschall, je nachdem, ob eine Schallquelle die Luft zu Schwingungen

* Die Werte sind in dB(A) angegeben: Ein Anstieg um 10 dB(A) bedeutet die Verdoppelung der Lautstärke.

und Menschen gefährden können, ist nahe liegend, daher ist entsprechend sorgfältig damit umzugehen.
Wässrige, zumeist anorganische Wirkstoffe in Holzschutzmitteln sind vor allem Fluor-, Bor-, Kupfer- und Chromverbindungen. Früher wurden auch Verbindungen von Arsen, Quecksilber und Zink eingesetzt.
Obwohl solche Mittel selbst giftig sind, kann man davon ausgehen, dass diese keine organischen Luftverunreinigungen verursachen.
Die seit über 150 Jahren weltweit eingesetzten Carbolineen und Steinkohlenteer-Imprägnieröle belasten die Luft weit mehr, als allgemein angenommen wurde. Sie bestehen überwiegend aus einem Gemisch von aromatischen Kohlenwasserstoffen und sollten in Innenräumen nicht verwendet werden. Ihr Einsatz ist seit 1991 in Deutschland verboten.
Unter „lösungsmittelhaltigen Holzschutzmitteln" versteht man zumeist in organischen Lösungsmitteln gebundene Pilz- und Insektengifte. Jahrzehnte hindurch wurden vorwiegend Pentachlorphenol (PCP) als Pilzgift und Lindan als Insektengift eingesetzt. Universitätsprofessor Dr. Otmar Wassermann vom Institut für Toxikologie der Universität Kiel verweist darauf, dass neben diesen beiden Wirkstoffen selbst auch Chlordioxine aus imprägniertem Holz an die Atemluft verdampfen können. Er bezieht sich auf Erkenntnisse der US-amerikanischen Umweltbehörde EPA, wonach eine Reihe dieser Chlordioxine höchst toxisch sind und als bisher stärkste Karzinogene, auch für den Menschen, eingeschätzt werden.
Umfangreiche Diskussionen in der Öffentlichkeit über die gesundheitsschädigende Wirkung von PCP und Lindan haben zwischenzeitlich Deutschland und Österreich veranlasst, eine Umstellung auf andere Wirkstoffe durchzuführen. Wobei eine EU-Richtlinie nach wie vor die Verwendung von PCP für die Behandlung von Holz erlaubt.

Der richtige Umgang mit Holzschutzmitteln

- Überall dort, wo Holzflächen frei mit der trockenen Raumluft in Berührung kommen, kann auf die Behandlung mit Holzschutzmitteln verzichtet werden.
- Unimprägnierte, großflächige Holzverkleidungen sollten Sie hinterlüftet ausführen. (Die Montage erfolgt auf einer Lattung, wobei die oberen und unteren Kanten der Verkleidung ca. 3 cm breit offen bleiben, sodass Luft dahinter zirkulieren kann.)
- Nicht belüftete, verbaute Holzkonstruktionsteile müssen Sie laut baubehördlicher Vorschrift mit zugelassenen Holzschutzmitteln behandeln.

anregt (wie zum Beispiel die Hi-Fi-Anlage im Nebenraum) oder die Bauteile des Gebäudes direkt zum Schwingen angeregt werden, etwa bei Schritten im Obergeschoss oder beim Einschlagen von Nägeln.
Die Fortleitung von Luft- und Körperschall kann auf zwei Arten unterbrochen werden:

1. Durch mehrschichtige Konstruktionen mit schallabsorbierenden Schichten.
2. Durch Bauteile mit hohem Flächengewicht.

So können Sie störende Lärmquellen in Wohnräumen beseitigen

Die erfolgreiche Minderung des Wohnlärms ist durch eine Reihe von Einzelmaßnahmen erreichbar.

- Schon im Planungs- und Einrichtungsstadium sollten Sie darauf achten, dass sich „laute“ Räume, wie etwa die Küche, nicht neben „leisen“ Räumen, wie etwa dem Schlafzimmer, befinden.
- Wohnmedizinisch ist für ausreichend dichte Wände zu plädieren. Eigens dafür entwickelte, nicht allzu teure Beplankungssysteme gibt es von Gipskartonplattenherstellern.
- Maschinen und Heizgeräte sollten Sie wegen der Vibration auf elastischem Material montieren und genügend weit von den Wänden abrücken.
- Fensterklappläden gibt es nicht nur mit wärmedämmenden, sondern auch mit gut schalldämmenden Eigenschaften.
- Wintergärten und Veranden mindern die Lärmbelastung von außen erheblich. Gartenmauern, dichte Berankungen und bepflanzte Böschungen führen sowohl zu akustischer wie auch optischer Geborgenheit.
- Achten Sie besonders auf die Schallschutzwerte von Bausystemen im Dachbereich.
- Auch bei der Auswahl und der Verarbeitung von Bodenbelägen sollten Sie auf die Geräuscheigenschaften achten. So können Schritte auf Holzböden, die direkt auf Estrichunterböden verlegt werden, unangenehm „hallen“ (es wird das Gefühl erweckt, man bewege sich in einer Halle). Der Klang von Schritten auf Holzböden, deren Unterboden aus Polsterhölzern mit Beschüttung bestehen, wird hingegen öfters als angenehm „dezent“ empfunden.

Literatur zum Thema

Was Sie schon immer über Lärmschutz wissen wollten. Kohlhammer, Stuttgart 1997
Lärmschutz in der Praxis. Oldenbourg, München 1997
Heinz Hoffmann, Arndt von Lüpke: Null Dezibel + 0 Dezibel = 3 Dezibel. E. Schmidt, Bielefeld 1998

Farbe und Licht

Neben Klang und Schall wirken auch Farbe und Licht auf den seelischen Zustand des Menschen – entweder fördernd oder störend.
Besonders die vom vegetativen Nerven- und vom Hormonsystem gesteuerten rhythmischen Abläufe wie Herztätigkeit, Atmung, Wach- und Schlafrhythmus etc. sind diesem Einfluss besonders unterworfen.
Der rasche Bildwechsel am Computer-, TV- und Videogerät, die schon fast schmerzlich intensiven Farben auf den Plakatwänden und vieles Farbenprächtige mehr belasten das menschliche Unterbewusstsein im Übermaß.
Vorsorge ist angebracht, wobei man sich über die Wirkung von Farbe und Licht bei der Gestaltung von Wohnräumen bewusst sein sollte.
Umfangreiches Wissen über Farbwirkungen kann bei der subjektiven Farbgestaltung von Innenräumen in Abstimmung mit den Raumfunktionen (Wohnzonen, Schlafplätze etc.) ein erheblicher Beitrag zu einem angenehmen und gesunden Wohnklima sein („Psychophysische Farbwirkungen" ➡ Seite 151 f.).
Helle, lichtdurchflutete Wohnungen heben Laune und Lebenslust. Darum sollten jene Räume, in denen man sich am meisten aufhält, hell und besonders in den Wintermonaten sonnig sein. Wintergärten und Veranden, auch über mehrere Geschosse, ermöglichen großflächige Verglasungen. Als Zubau an bestehende Gebäude sind sie oft die wirtschaftlichste Lösung zur großzügigen nachträglichen Ausstattung unserer Wohnräume mit Sonnenlicht.

Die richtige Beleuchtung der Wohnräume

- Um eine ausreichende natürliche Beleuchtung zu erhalten, sollte die Fensterfläche nicht weniger als 15 Prozent der Bodenfläche betragen.
- Bei Kunstlicht ist besonders die Leuchtfarbe wichtig. Falls Kunstlicht mit natürlichem Strahlenspektrum nicht zur Verfügung steht, sollten Sie einer Beleuchtung mit rötlicher Tönung den Vorzug vor einer Blaucharakteristik geben.
- Bei Leuchtstoffröhren im Wohnbereich sollten Sie die Lichtfarbe „warmweiß“, Farbwiedergabe Stufe 1, verwenden. „True Lite“-Leuchtstoffröhren haben wegen ihrer natürlichen Farbwiedergabe die angenehmsten Eigenschaften.
- Punktleuchten (Halogen-, Natrium- und Quecksilber-Hochdruckdampflampen) eignen sich recht gut zum Hervorheben von Gegenständen und Pflanzen (Sternenhimmel).
- Eine stimmungsvolle Atmosphäre ähnlich einer Kaminfeuerglut gestaltet ein Licht im Rot- bis Gelbrotbereich. Ein derartiges Licht ist wegen Zwielichteffekten als Zusatzbeleuchtung zum Tageslicht völlig ungeeignet.

Psychophysische Farbwirkungen

Farben beeinflussen den Menschen in seinem Erleben und Verhalten. Ihre Wirkung ist dabei äußerst breit gefächert.
Bekanntermaßen können Farben das allgemeine Wachheitsniveau beeinflussen. Gelb und Rot wirken anregend, was z. B. in der Freizeit und in Gefahrenbereichen sinnvoll ist. Gedämpfte Farben wie etwa Hellblau sind eher in Ruheräumen angebracht.
Farben beeinflussen auch die räumliche Wahrnehmung. Blau lässt kleine Räume größer, Quer- bzw. Längsstreifen lassen Räume niedriger oder höher erscheinen. Diese Wirkung kann auch durch dunkle und helle Deckenfarben erreicht werden.

Rot

Rot entspricht Vitalität, Tatkraft, Energie, Aggression etc.
Es ist anregend, fördert eine Steigerung der Herzfrequenz, des Muskeltonus, der Sexualkraft, der allgemeinen Durchblutung, der Nieren- und Lungenfunktion.

- In gedämpfter Form ist es für Wohnzimmer, Arbeitszimmer, Küche oder Badezimmer zu empfehlen.

Orange
Orange entspricht Kraft, Fröhlichkeit, Positivität und Freude.
Es fördert Stoffwechsel, Galletätigkeit, Lymphkreislauf, Nierenfunktion und eine Hebung der allgemeinen Stimmungslage.

- Praktisch im gesamten Haus als Farbkomponente empfehlenswert.

Gelb
Gelb entspricht Heiterkeit, Wärme, Sonne, Leben.
Es fördert die Steigerung von Funktionen der Schleimhäute, des Nervensystems und Gehirns, der Leber etc.

- Empfehlenswert für Kinderzimmer, Küche und Esszimmer.

Grün
Grün entspricht der Natur, bedeutet Ausgleich, Neutralität, Erholung, Regeneration.
Es fördert die Steigerung der Funktionen von Verdauungssystem, Muskulatur, Sinnesorganen und Blutkreislaufsystem.

- Ist ebenfalls als neutrale Zwischenfarbe im gesamten Wohnraumbereich anwendbar.

Blau
Blau entspricht der Dunkelheit, Ruhe, dem Schlaf, der Entspannung.
Es fördert die Dämpfung von Durchblutung, Blutkreislauf, Herzfrequenz.

- Empfehlenswert für Schlafzimmer, Kinderzimmer.

Violett
Violett entspricht Mystik, Kälte, Meditation, Geheimnis.
Es fördert eine Dämpfung von Aufmerksamkeit, Muskeltonus, Herzfrequenz und Schilddrüsentätigkeit.

- Für Schlaf- und Ruheräume geeignet.

Jedenfalls ist aber auch daran zu denken, dass Farbkombinationen nicht beliebig genutzt werden können, da die Harmonie der Farben und damit ihre ästhetische Wirkung gestört werden können. Zu starke Kontraste bei den Farben der Einrichtungs- und Ausstattungsgegenstände können zu einem Farbchaos führen, welches die ursprünglich vorgesehenen Farbwirkungen wieder aufhebt.

Elektroklima

Der menschliche Organismus ist ein kompliziertes biologisches Regelsystem. Über die elektrischen Vorgänge im Menschen, die Aufgaben der zahllosen und zumindest zeitweise verhältnismäßig kräftigen körpereigenen Strömungen und Felder ist noch nicht sehr viel bekannt. In der Medizin nützt man die körpereigenen Spannungen und Ströme vorwiegend für die Diagnose, z. B. im Elektrokardiogramm (EKG) und Elektroenzephalogramm (EEG). Diese elektrischen Vorgänge sind für den menschlichen Organismus etwas Natürliches und lebensnotwendig.
Sicher ist, dass der Mensch elektromagnetische Informationen von außen aufnimmt. Dazu zählt z. B. der Bereich des sichtbaren Lichtes, der Infrarot- und UV-Strahlung.
Auch wenn der permanente Arbeitskreis „Elektromagnetische Felder und Gesundheit" des Verbandes der Elektrizitätswerke Österreichs und des Fachverbandes der Elektro- und Elektronikindustrie deutlich feststellt, dass das von den elektrischen Anlagen und Geräten ausgehende unsichtbare elektromagnetische Feld keine unmittelbare Gefahr darstellt, diskutiert man weltweit über mögliche gesundheitliche Auswirkungen.
Elektromagnetische Felder, wie sie in der Natur vorkommen, sind meistens um vieles schwächer als jene, die von Stromkabeln, Steckdosen etc. erzeugt werden. Solche künstlichen Felder bilden sich vollkommen unabhängig davon, ob gerade Strom entnommen wird oder nicht.
Einige Wissenschaftler, darunter Prof. Dr. Karoly Varga vom Hygieneinstitut der Universität Heidelberg, weisen immer wieder auf den Zusammenhang zwischen Krankheitsentstehung und gestörten elektromagnetischen Umweltfaktoren hin. Auch Dr. Ross Adey von der Universität Kalifornien schreibt: „Selbst sehr schwache elektromagnetische Strömungen verändern die elektrochemischen Pfade, durch die lebende Zellen miteinander in Verbindung stehen."
Immer wieder werden auch statistischen Erhebungen bei Menschen, die unmittelbar unter oder in der Nähe von Hochspannungsleitungen leben, genannt. Auf eine höhere Zahl von Leukämiefällen, Wachstumshemmungen, Veränderungen des Blutbildes und Verhaltensstörungen wird immer wieder hingewiesen.
Auch die Internationale Gesellschaft für Elektrosmogforschung (IGEF) weist darauf hin, dass jedes Elektrogerät elektromagnetische Felder verursacht, die biologisch wirksam sind und je nach Art und Stärke gesund-

heitsschädigend sein können. Deshalb, so erklärt sie, haben nationale und internationale Strahlenschutzkommissionen Grenzwerte zum Schutz vor Elektrosmog festgelegt. Die neuere Forschung auf diesem Gebiet soll allerdings aufzeigen, dass auch die Einhaltung dieser Grenzwerte in vielen Fällen keinen ausreichenden Gesundheitsschutz bietet. Deshalb fordert z. B. eine Gruppe amerikanischer Wissenschaftler, die im Auftrag des US-Kongresses mögliche gesundheitliche Auswirkungen elektromagnetischer Felder untersucht hat, eine deutliche schrittweise Herabsetzung der Elektrosmog-Grenzwerte in den nächsten zehn Jahren auf ein Fünfhundertstel des von der Internationalen Strahlenschutzkommission (IRPA) derzeit empfohlenen Grenzwertes.
Kaum jemand wird allerdings auf Grund der bisherigen Erkenntnisse auf Fernsehgerät, Waschmaschine und E-Rasierapparat verzichten.
Ein neues Prüfzeichen der Internationalen Gesellschaft für Elektrosmogforschung (IGEF) soll nun jene Produkte kennzeichnen, deren elektrobiologische Unbedenklichkeit nach dem aktuellen Stand der Forschung durch strenge Tests und regelmäßige Kontrollen in unabhängigen Prüflabors nachgewiesen wird. Aber auch eine etwas bewusstere Anwendung der umfassenden Elektrifizierung kann schon eine Reduzierung von möglichen Stressfaktoren im Wohnbereich zur Folge haben.

So können Sie Stressfaktoren reduzieren, die durch elektromagnetische Felder verursacht werden

- Statten Sie die Stromkreise für Schlaf- und Kinderzimmer mit einer Netzfreischaltautomatik aus.
- Stellen Sie Radiowecker mit Netzanschluss und Ähnliches mindestens zwei Meter vom Kopfteil des Bettes entfernt auf.
- Verwenden Sie Wärmflaschen statt elektrischer Heizdecken.
- Stecken Sie Fernsehgeräte im Schlafzimmer in der Nacht aus.
- Verwenden Sie Elektrogeräte mit geerdetem Metallgehäuse.
- Halten Sie mindestens 4–5 Meter Abstand zu Farbfernsehgeräten.

Literatur zum Thema

Elektrosmog – Dokumentation eines Kolloquiums, Stiftung Warentest, Stuttgart 1994

Norbert Leitgeb: Strahlen, Wellen, Felder. Ursachen und Auswirkungen auf die Gesundheit, dtv-Thieme, Stuttgart 1990

W.-D. Rose: Elektrosmog – Elektrostress, Kiepenheuer & Witsch, Köln

QUELLENNACHWEIS

Käthe Bachler: Erfahrungen einer Rutengängerin. Geobiologische Einflüsse auf den Menschen. Droemer, München 1994

Elke Brüser: Allergien – Risiken, Reize, Chancen. Reihe Konsument Extra, VKI/Stiftung Warentest, Berlin 1998

Thomas Fröhling, Katrin Martin: Wohnen mit Feng Shui. Mosaik Verlag, München 1997

Willi H. Grün: Erdstrahlen – Die rätselhaften Kräfte. Ullstein, Berlin 1996

Gottfried Haefele, Wolfgang Oed, Ludwig Sabel: Hauserneuerung. Ökobuch Verlag, Staufen bei Freiburg 1997

Edgar Haupt, Anne Wiktorin: Wintergärten. Anspruch und Wirklichkeit. Ökobuch Verlag, Staufen bei Freiburg 1996

Heinz F. Honies: Bauen und Wohnen, Verlag Orac, Wien 1996

Anne-Louise Huber, Thomas Kleespies, Petra Schmidt: Neues Bauen mit Lehm, Konstruktion und gebaute Objekte. Ökobuch Verlag, Staufen bei Freiburg 1997

Othmar Humm: Niedrigenergiehäuser, Innovative Bauweisen und neue Standards. Ökobuch Verlag, Staufen bei Freiburg 1997

Christoph Köchel, Maria Köchel: Pflanzenparadies Wintergarten. Planung, Gestaltung, Pflege, ausführliche Pflanzenporträts. BLV, München 1998

Herbert L. König, Hans-Dieter Betz: Erdstrahlen? Der Wünschelruten-Report. Wissenschaftlicher Untersuchungsbericht. H. König, München 1989

Kurt Langbein, Manfred Mühlberger, Christian Skalnik: Kursbuch Lebensqualität, Entscheidungshilfen für den Alltag. Kiepenheuer & Witsch, Wien/Köln 1995

Sabine Lüers: Bettenkauf. Reihe Konsument Extra, VKI, Wien 1998

Wenzel Müller, Roland Schönbauer, Kurt Simperl: Richtig Heizen – Heizsysteme und Warmwasser. Reihe Konsument Extra, VKI, Wien 1998

Holger Reiners, Ulrich Timm: Der Wintergarten – Wohnkultur unter Glas. Callwey, München 1994

Wohnen ohne Gift. Reihe Konsument Extra, VKI/Stiftung Warentest, Wien 1995

Salzburger Bau- und Wohnhandbuch, Schriftenreihe des Landespressebüros, Salzburg 1995

STICHWORTVERZEICHNIS